建党百年献礼——西南大学经济管理学院"双一流"建设学术专著

重庆市社科规划项目"西部地区中小制造企业持续创新的演化机制与创新能力评价研究"（2016YBGL130）；
西南大学中央高校基本科研业务费专项资金重点项目"企业家精神驱动下制造业集群二元创新的协同发展研究（SWU1909307）；
西南大学经济管理学院"百年梦·学科建设"专项出版项目

研发团队中个人创新行为的多层次影响因素研究

王双龙 著

西南师范大学出版社
国家一级出版社 全国百佳图书出版单位

图书在版编目(CIP)数据

研发团队中个人创新行为的多层次影响因素研究 / 王双龙著. -- 重庆：西南师范大学出版社, 2021.6
　ISBN 978-7-5697-0846-2

　Ⅰ.①研… Ⅱ.①王… Ⅲ.①科研开发—组织管理学—影响因素—研究 Ⅳ.①G31

中国版本图书馆CIP数据核字(2021)第080182号

研发团队中个人创新行为的多层次影响因素研究
YANFA TUANDUI ZHONG GEREN CHUANGXIN XINGWEI DE DUOCENGCI YINGXIANG YINSU YANJIU

王双龙　著

责任编辑：周明琼
责任校对：张燕妮
装帧设计：观止堂_未　氓
出版发行：西南师范大学出版社
　　　　　重庆·北碚　　邮编：400715
印　　刷：重庆市联谊印务有限公司
幅面尺寸：185mm×260mm
印　　张：13.25
字　　数：266千字
版　　次：2021年6月第1版
印　　次：2021年6月第1次印刷
书　　号：ISBN 978-7-5697-0846-2
定　　价：49.00元

建党百年献礼

——西南大学经济管理学院"双一流"建设学术专著

编 委 会

主 任

祝志勇

副主任

高远东　王定祥

工作秘书

刘建新

成 员

刘自敏　王图展　毕　茜　刘新智
张应良　李海明　罗超平

前言

研发人员是企业价值创造的关键,探究研发人员创新行为的影响因素是创新管理研究的重要课题。研发人员的个人创新行为不仅是个人行为绩效的重要组成部分,而且也是组织创新过程中最重要的因素和组织创新的基础,因此员工的创新行为对于企业的研发绩效具有十分重要的意义。研发人员创新行为的影响因素不仅包括个体因素,而且还涉及行为发生的情境因素。

本书根据研发人员典型的认知和态度特征以及实际团队情境来探讨成员的个人创新行为。在个人层次上以社会交换理论为基础分析知觉组织支持对个人创新行为的影响,以及研发人员的职业承诺在知觉组织支持与个人创新行为之间的中介作用。同时在团队情境因素方面,考虑到中国员工普遍具有较高的权力距离倾向,团队对于其成员的行为具有明确或者隐性的期待,迫使绝大多数成员调整自己的个性和特点以做出符合团队要求的创新行为。所以,本书还以社会认知理论为基础探究团队创新气氛和团队互动过程对研发人员个人创新行为的影响机理。

本研究以企业研发人员为研究样本,对所回收的997份有效问卷(共242个团队的资料)进行分析,通过个体层次和跨层次的验证分析,发现了如下结论:在个人层次上的研究表明,研发人员知觉到组织支持的时候,无论是实质报酬或是情绪需求的帮助,都会产生对组织的义务感并表现出更加积极的创新行为。由于研发人员比较重视职业上的抱负,其职业承诺程度与创新行为表现之间也密切相关。此外,本研究还发现职业承诺在知觉组织支持与个人创新行为之间的中介效应,表明研发人员感知到组织重视其福祉和贡献时会对自身的职业产生认同和投入,并由此进一步影响到个人的创新行为。

在团队创新气氛和团队互动过程的跨层次影响方面,本书根据环境心理学和团队有效性理论,使用较为科学的阶层线性模型(HLM)分析方法来验证本研究提出的跨层次假设,发现团队创新气氛和团队互动过程是影响研发人员创新行为表现的重要环境因素,它们除了直接影响个人创新行为之外,还会通过成员的自我效能感及主观规范来影响成员的创新行为,表明良好的团队创新气氛和团队互动过程会影响成员对创新活动完成的信心以及其他成员的行为期待,进而有助于创新行为的形成。

本书的理论价值和创新之处在于:首先,本书验证了知觉组织支持和职业承诺各自对个人创新行为的影响,以及知觉组织支持通过职业承诺这一研发人员的重要态度变量对创新行为的影响过程,丰富和拓展了个人创新行为个体层次影响变量的研究。其次,本研究以自我效能感和主观规范作为个体认知因素,探讨团队创新气氛和团队互动过程对个人创新行为的影响过程与机理。最后,本书运用跨层次的研究方法系统分析了个人创新行为的形成过程,跨层次研究不仅体现为一种统计方法,更是一种较为系统的研究思路,有助于更加系统和全面地理解处于团队情境下的个人创新行为。

本书共分为七章。第一章绪论部分介绍了本书的研究背景与动机,在对关键概念进行界定的基础上阐明本书的研究问题、研究方法、技术路线、整篇论文研究的理论基础以及主要的创新之处。第二章文献回顾与述评部分就个人创新行为及其影响变量的相关研究进行梳理和评述。第三章基于理论推演发展出本书的个体层次模型和跨层次研究模型并提出假设。第四章为问卷设计与小样本测试,其目的是为本书的假设检验提供可靠的测量工具。第五章为数据收集与数据质量分析。内容涉及研究对象和程序、数据收集过程、数据分析方法、数据质量的评估以及团队层面数据的加总验证等。第六章分别运用个体层次回归模型和跨层次阶层模型进行本书假设的检验。第七章为研究结论与展望,在概括主要研究结论的基础上指出论文的实践意义、研究局限与未来研究展望。

本书的完成过程中,张馨月负责审校第二章,朱冰清负责审校第三章和第四章,牟祎楠负责审校第五章和第六章,其他章节的审校由王双龙完成。

目录

第一章 绪论 ··· 001
 第一节 研究背景与动机 ··· 002
 第二节 关键概念界定 ·· 007
 第三节 研究问题的提出 ··· 009
 第四节 研究方法和技术路线 ·· 012
 第五节 理论基础 ·· 014
 第六节 本书的主要的创新点 ·· 020

第二章 文献回顾与述评 ··· 023
 第一节 企业创新的定义与分类 ··· 023
 第二节 个人创新行为的相关研究 ······································ 032
 第三节 团队创新气氛的相关研究 ······································ 043
 第四节 团队互动过程的相关研究 ······································ 046
 第五节 跨层次模型中介变量的相关研究 ····························· 050
 第六节 个体层次模型影响因素的相关研究 ·························· 056

第三章 理论拓展及模型构建 ··· 063
 第一节 以往研究取得的进展与局限 ··································· 063
 第二节 个人创新行为的个体层次影响因素研究 ···················· 068
 第三节 个人创新行为的跨层次影响因素研究 ······················· 071

第四章	问卷设计与小样本测试	081
第一节	初始量表的设计	081
第二节	变量初始测量条款的产生	083
第三节	问卷的小样本试测	087

第五章	数据收集与数据质量分析	103
第一节	研究对象与程序	103
第二节	数据收集	104
第三节	数据的描述性统计	105
第四节	数据质量的评估	108

第六章	研究假设检验	115
第一节	变量的相关分析	115
第二节	个人特征和团队特征的方差分析	116
第三节	个人创新行为个体层次影响因素的假设检验	122
第四节	跨层次假设检验的方法及试用性分析	124
第五节	跨层次模型中介过程的假设验证	129

第七章	研究结论与展望	159
第一节	研究结果与讨论	159
第二节	管理意义	164
第三节	研究局限与限制	167
第四节	未来研究建议	168

主要参考文献 ······ 171

附录 ······ 177

第一章　绪论

在过去几十年,企业组织普遍强调效率与专业分工,科层制度(bureaucracy)一直都是企业主要的运作模式。因为组织科层制度的运作往往能够针对问题提出兼具效率与系统的解答(Webber,1964)。但是科技的快速发展、市场的全球化以及信息的快速传递等因素,使得工作任务比以前更加复杂。组织必须快速地对所处环境做出判断与响应,而大型的科层式组织反而造成了组织的僵化,传统上行下效的思考模式已经来不及对问题做出及时的反应,因此,如何改善组织运作的流程,能针对组织环境做出恰当的反应(Miles和Snow,1984)成了现代组织要面对的基本问题。Johansen和Swigart(1994)指出无论企业组织如何改变,大致上都有一个共同的结果,那就是将企业的结构扁平化。在扁平化的组织架构下,兼具弹性与效率的团队运作方式将更能改善生产流程及增强组织的竞争力。团队在实务界被广为采用,企业的研发工作也不例外,研发团队的管理成为研发创新的关键所在。

事实表明,如果完成某项工作,需要多种技能、经验和判断,那么通常由团队来做效果会更好。因此,创新的实现往往发生于团队层级,团队创新不仅是通过讨论产生决策的过程,更是成员彼此互动,相互学习,吸收、同化、转化以及利用新知识的过程。有效发挥知识吸收、同化、转化以及利用之能力,以增强团队组织变革的正向动能力量。团队创新是包括成员参与与成员互动的一个持续过程,该过程很大程度上依赖于其他人的参与。例如,新观点的产生往往来源于团队给予的灵感和力量;即使员工具有创造性并且产生了新观点,但是其观点的实施取决于他人的同意、支持以及资源等。如果员工对自身的工作进行创新,同样也依赖于他人,这是因为除非该员工本质上是完全独立的,否则他的工作会影响到其他人并且常常需要他人的批准。

在工作中,我们听到一些管理者或者老板提道:我们的团队和我们的员工缺乏创新能力,创新确实是每一个公司或每个团队都渴望的东西,那么如何在团队的员工身上创造这种创新的机制?现在随着人的知识更新速度加快,一项创新,一项成果,很多时候已经不是一个人的力量可以完成的了,而是一个团队搞出来的。团队创新受到个人创新、团队特性与情境因素的影响,组织的创新过程是由个人创新提升至团队创新并最终影响团队与组织的创新成果,团队创新过程也是由个人的创新而得到累积和扩展的。因此,探究研发团队成员的个人创新已经成为知识管理和创新管理的基础课题。Woodman,Sawyer和Griffin(1993)提出的组织创新交互模式认为个人创新同时受到个人层次与情境因素的影响。

因此,本研究的主要目的是以多层次的观点来研究个人与团队不同层次影响因素对个人创新的作用机制。本章首先介绍了本书选题的研究背景与动机,然后对本书选题的关键概念进行了界定,在此基础上阐明本书需要解决的研究问题,同时对本书运用的研究方法以及整体的技术路线进行了简要说明,并分析了整篇论文研究的理论基础,然后对论文的主要创新之处进行了汇总小结。

第一节 研究背景与动机

一、研究背景

创新是一个民族进步的灵魂,是一个国家兴旺发达的不竭动力,也是一个政党永葆生机的源泉。创新对一个国家、一个民族来说,是发展进步的灵魂和不竭动力。企业是经济的细胞,也是创新主体和动力源泉。企业活则经济活,企业强则经济强。对于一个企业来讲,创新就是寻找生机和出路的必要条件。从某种意义上来说,一个企业不懂得改革创新,不懂得开拓进取,它的生机就停止了,这个企业就要濒临灭亡。创新的根本意义就是勇于突破企业的自身局限,革除不合时宜的旧体制、旧办法,在现有的条件下,创造更多适应市场需要的新体制、新举措,走在时代潮流的前面,赢得激烈的市场竞争。当前,中国经济正处于从高速增长向高质量发展迈进的关键阶段,越来越多的中国企业正在向世界一流企业进发,研发创新有助于实施好关键核心技术攻关工程,尽快解决一批"卡脖子"的关键技术问题。

党的十八大以来,以习近平同志为核心的党中央高度重视科技创新工作,把创新作为引领发展的第一动力,作为建设现代化经济体系的战略支撑。习近平总书记强调:"科技兴则民族兴,科技强则国家强。"当今世界,决定国家综合实力的关键指标是国家的创新能力。在这种形势下,我国经济增长也从资源依赖型向创新驱动型逐渐转变。现阶段条件下,企业创新面临着严峻的挑战。一方面,数字化技术带来了颠覆性影响,新产品、新服务不断地涌现,另一方面,在"互联网+"新的市场环境下,企业若想占据有利地位,取得长足发展,就需要转变传统的管理模式,主动进行从技术到管理的创新,让企业的发展搭上"互联网+"、信息技术、人工智能和大数据等外部机遇的快车。

创新也相应成为组织成功的关键所在。企业要在快速变迁、混乱不清的市场环境中求得生存,只有通过不断创新才能在市场经济的竞争中处于主动地位。随着企业经营环境渐趋多变,组织和个人的创新能力,越来越被视为重要的绩效表现。Flood等人(2001)认为企业创新有助于企业开拓新的市场契机,尤其是研发人员工作行为中的创新行为对个人绩效和组织绩效有着十分重要的影响。随着经济世界一体化和高新技术的快速发展,企业的成功比以往任何时候都更依赖于研发人员的技术、水平和表现。研发人员的创新水平的提升不但是个人水平的提升,而且是企业实行创新活动成败的关键,所以对我国企业研发人员的创新实行开发和管理的创新性研究对我国当前自主创新战略的实施具有重要的理论及现实意义。

虽然有关创新的研究相当丰富,而众多创新的相关研究主要集中于产品技术(Bain,Mann和Pirola-Merlo,2001)、市场营销(Christiansen,2000)、战略制定(Afuh,1998)、行政管理(Watkins,Ellinger和Valentine,1999)以及组织文化(Fransman,1999)等方面。这些研究主要关注了组织层面不同职能的创新。然而,当产品开发中遇到了一个技术难题,单凭个人的力量已经无法解决,或者不能按时解决时,团队的工作方式可以使组织更好地利用员工的才干。在多变的环境中,团队比传统的部门结构更为灵活、反应也更迅速,因为团队能够进行快速的组合、配置、重新定位和解散。因此,研发团队的创新及其管理就显得十分重要。

研发团队的创新需要研发人员的创新行为,然而,现有创新方面的研究对企业管理中个人层次的创新重视不够。正如Oldham和Cummings(1996)所言,我们对于促进员工个体创新绩效的影响因素知之甚少。早期的创新研究主要关注被组织引进的创新,并且很大程度上局限于自上而下的创新方式,其主要是通过高管人员引入企业当中,而自发创新或者企业研发人员日常行为中的创新并没有得到足够的重视(Agrell和Gustafson,1996)。Amabile(1988)在创造力组成的理论研究中认为,如果没有个人创造力的发挥,则无法产生组织创新。换言之,如果能够掌握促使员工产生创意或创新行为的机制或前置因素,即能有效提升企业创新能力。

综上,研发人员的个人创新行为不仅是个人行为绩效的重要组成部分,而且是组织创新的重要因素和基础(Shalley,1995)。因为个人创新能力的重要性提升,以个人创新为主轴的研究也陆续增加,但影响个人创新的因素复杂,还无法彻底厘清。本研究将针对引发个人创新行为的前置因素及其影响机制加以探讨。有别于过去的研究,本研究以研发人员内在心理与外在环境为基准,将前置因素分为团队情境因素、个人认知与态度因素,同时纳入社会交换与社会认同理论,为个人创新行为的研究提供更完整的解释。

二、研究动机

团队环境中有许多因素会影响员工的工作表现,但团队环境的组成要素非常多元复杂。过往研究起初仅考虑到薪资、奖赏、同事关系、管理方式等因素,而后出现实体环境、心理环境、价值与领导等更广泛的探讨。本研究认为个人创新行为的前置因素可分为情境因素与认知或态度因素,前者代表来自团队特征的影响,后者代表个人内部心理的影响,从两个方面进行研究才能更加精确地厘清促进员工个人创新行为的机制如何形成。

(一)团队创新气氛和互动过程对于研发创新的重要性

许多研究指出,团队创新气氛在团队追求目标的过程中扮演着重要的角色。Litwin和Stringer(1968)认为组织气氛是影响员工态度、信念、动机与行为的重要环境因素,换句话说,个人对其客观工作环境的心理知觉将影响其工作行为。Amabile(1996)指出组织创新气氛有助于员工形成新的观点,Van de Ven(1986)认为创新管理的核心问题在于注意力的管理,而注意力管理困难的原因是个体已逐渐适应所处的环境,除非发生危机,否则团队成员不会轻易采取行动来改变现状。因此,管理者如果能从团队创新气氛的营造着手,通过环境的诱导和激发,将有助于团队成员产生创新行为进而提供创新的产品或服务。

许多组织气氛的相关研究不仅强调组织系统的客观因素,例如管理实践、决策过程、技术、正式组织结构与社会结构等,而且组织成员对客观环境的心理表征尤其是共享知觉则是近年来组织行为研究的关注焦点。团队内部创新气氛的营造是团队追求创新行为的前提条件,如果团队无法营造适宜的创新气氛将不利于成员创新行为的产生。Scott和Bruce(1994)曾针对美国某家科技公司的工程师、科学家以及技术人员进行研究,将个人创新行为视为个人、领导者、工作群体以及组织创新气氛四者互动的结果,研究结果发现组织气氛对个人创新行为有显著而积极影响。

此外,团队互动过程也是个人创新行为发生的重要环境。不同研究者之间的互动与合作是现代科学创造力的主要特征(Simonton,2003),从过去许多重要的研发成果来看,有创意的科学发现不是来自一个人的想法,而是由一群来自相同或不同领域的科学家相互合作,彼此提供自己的意见、想法,在多人的共同讨论中激发出来的。Simonton指出科学创造除了需要具有创意的科学家特质以及新颖的产品外,还必须与社群、大众进行沟通并说服他们接受。因此,创新的过程通常是经由讨论、研究会议中的人际互动以及认知的分享而产生的,而不仅仅是来自单独的个人洞察。Ancona等人(1990)也认为,团队能否有效地工作取决于团队能否管理好内部成员间的互动以及团队与外部环境的关系,在团队已具备必要的外部支持条件时,其内部的互动对于团队绩效的提高就更为重要。

(二)研发人员知觉组织支持对创新行为形成的驱动

知识经济背景下人力资源已成为组织获取竞争优势的重要关键因素(Wright,Dunford和Snell,2001)。当前的人力资源研究者大都采取行为学派的观点,即假定特定的人力资源实践或其组合会引发特定的员工态度(例如:工作满意)和员工行为(例如:个人创新行为),这些特定的态度和行为是进一步实现组织目标所必须具备的条件(Arthur,1994)。但是,员工对人力资源管理政策的体验究竟来自何处?是事实(reality)还是事实的感知(perception of reality)?

企业在满足员工个人需要和提供社会支持的过程中,管理者与研发人员之间往往存在着认知差异。然而,以往学术界用单极化的视角来分析员工和组织的关系,通常用自下而上的组织承诺或者主管承诺来研究组织问题,而相对忽视了组织对员工的承诺。从19世纪年代起,学者们开始关注员工对组织的知觉将会对个人的工作态度及行为产生怎样的影响。从员工的角度来衡量组织对其重视与关怀的程度,恰好颠覆了以往研究把组织作为资源分配者和各项决策制定者的角色。鉴于此,社会心理学家Eisenberger等人(1986)通过知觉组织支持的概念强调组织对员工的支持和忠诚。企业所需关心的不再只是自己到底为员工做了什么,更重要的是员工如何看待组织的这些行为。因此,从知觉组织支持的角度来解释员工的创新行为比起客观的事实可能更有预测力。

当前的许多研究注意到知觉组织支持对于员工态度和行为的重要性,例如,Shore和Wayne(1993)的研究发现知觉组织支持比组织承诺对组织公民行为的预测力更强,因此,员工所知觉到的组织支持程度将成为影响其工作态度以及行为表现的关键,知觉组织支持提供了个人创新行为研究的另一个思考视角。相对于组织承诺等其他影响因素,该研究或许更具有实务上的价值。

(三)研发人员职业承诺显得越来越重要

Drucker(1978)最早提出知识工作者的概念,将其定义为"使用心智能力,而非以体力为主要工作内容的工作者"。随后Drucker在《后资本主义社会》一书中也提出了相似的概念。知识型员工是依赖知识进行生产活动的员工,他们与传统员工的一个重要区别在于其所具有的知识依附于人体本身。知识型员工由于其不断地追求自身的知识增长,并不一定只在一个组织中才能够发挥自身的知识。知识型员工比较关注个人能力的形成和保有,愿意在工作生涯中持续地接受训练,从而不断地更新他们的知识和技能。然而,传统的企业员工管理方式仍然比较注重员工的工作满意度或组织承诺等。在工作场所,一些企业虽然采取了诸多培育创造性的措施包括工作设计、人员选拔以及行为培训等,但是这些措施通常没有得到成功的实施(Hocevar和Bachelor,1989),其中一个重要的原因就是对其职业心理和态度的忽视。

Robbins(2000)整合了工作价值观方面的分析报告并分成四个时间阶段,分别是信仰新教工作伦理者、存在主义者、实用主义者和X世代。不论后三个阶段的相异之处如何,但是他们有一个相同点,就是对组织的忠诚逐渐变得不再是如此重要。现今雇佣关系的改变使得职业承诺比组织承诺更能反映多变的职场。因此,随着当前年轻一代逐步成为企业的中坚力量以及研发人员内在需求的提升,仅仅通过组织承诺促进员工积极行为的做法现在看来显得过于简单。因为环境的变化使得组织具有很多的不确定性,组织变革诸如企业合并、并购、解散等,让组织成员深深感觉已无法像过去那样掌握组织的状况,进而把焦点专注于本身的职业,这也就是近年来职业承诺深受重视的原因(Carson和Bedeian,1994)。当经营环境的改变破坏了员工对组织忠诚的行为,企业面对这样情境应该重新审视员工的其他需要,尤其是职业发展等方面的需要。只有企业提供了这些"高层次"的个人需要,才有可能促使研发人员表现出更加积极的工作行为。

Lee,Carswell和Allen(2000)也提出职业承诺之所以重要的几点理由:首先,对许多人的生活而言,职业是有意义而且重要的。其次,职业承诺可能与工作绩效有潜在的关联。最后,职业承诺有助于员工了解如何发展、领会并整合多样化的工作相关承诺。目前,很少有研究探讨职业承诺为代表的职业心理特征在研发人员创新过程中所发挥的重要作用。由于研发人员掌握了公司的核心竞争力,通过职业心理特征角度来研究个人创新行为对于研发人员的培育与管理有着非常重要的意义。研发人员是企业技术创新的主力军,研发人员所从事的工作具有创新性和风险性,从事这一工作的专业人员往往具有较强成就需要,视职业承诺为工作相关的重要心理契约,因此,可能更多地忠诚于自己的职业而非受雇佣的组织。已有研究表明职业承诺能够直接影响个体的职业活动和工作行为,却很少关注像研发人员这样高专业化群体的职业承诺对创新行为的影响及其作用机制。

第二节 关键概念界定

一、研发团队的界定

研发人员作为企业的特殊群体,利用其拥有的创新知识和开发能力,创造出不同的研发成果。一旦他们的研发成果与企业的其他资源有机结合,就能够迅速转化为现实生产力,为企业带来利润,并对企业的长期稳定发展产生长远的影响。研发人员的劳动特点与产业工人的体力劳动和一般性的脑力劳动者有所区别,他们能够为企业贡献自己的知识和先进技术,是企业价值创造的重要驱动力量。Tingstad(1991)认为研发人员具有以下特点:高激励导向和强烈的努力意愿,追求更大的责任和独立性,愿意学习新事物和接受专业方面的挑战,并在工作中注重经验的累积和他人的重视。此外,研发人员不再局限于固定职业或单一组织边界的限制,职业的承诺逐渐取代了组织的承诺。本书将研发人员界定为参与企业研发部门各项研究开发工作的相关人员总称,其任务为协助或承担企业各项创新产品的设计、开发或产品改良以更加符合市场需求。

许多学者都曾提出其对于团队的定义,但因研究观点的不同这些定义也有差异,归纳起来可以发现,团队至少要符合三点条件:团队成员在两人以上;团队成员互相依赖与协调;成员为了共同的目标而努力。研发团队往往由高学历的知识型员工构成,以推出某种新产品或创新服务形式和内容为任务导向。本书将研发团队界定为由研发人员所组成,团队成员相互依赖,分享共同的研发目标,彼此间通过互动与整合以完成企业的各项创新任务,共同为研发成败负责并以团队的整体表现来决定报酬或绩效。一个高效的产品研发团队是高质量产品的保证。建设高效的研发团队是实现产品项目管理目标的前提和保证。尽管考虑到团队与群体之间存在着根本性的差别,但是由于团队的运作是以群体的存在为基础,一些研究也未能明确地予以区分。因此,本书的文献梳理部分对团队与群体的概念不做专门区分。

二、个人创新行为的界定

尽管一些学者关于创新行为的界定形成了一定的共识,但是这个领域的许多争论仍然需要本书进一步去归纳梳理。本书认为这是个非常重要的问题,因为这在本质上涉及论文的研究对象以及需要调研的范围,在此本书重点区分创造力和创新的关系。创造力和创新在人们的观念中非常近似,甚至一些学者混用这两个概念,或者认为它们是在开发新产品的过程中共生而无法分割的现象。正是因为这样,如果在 Academy of Management Review 的主题检索里输入创造力(creativity)也会见到创新(innovation)的内容。

过去对于创造力的研究都是基于心理学的基础,聚焦于认知与动机的程序。创造力的概念抽象,而个体如何产生创造力一直是学者想要深究的议题。有的研究认为创造力是能在不同既有方案中找出全新做法的特质(Mumford和Gustafson,1988),也有的研究认为虽然创造力可能是一种天分,但教育和训练也可以造成改变(Basadur,Graen和Green,1982),如给予指导或设定目标。个人创新和个人创造力在近期研究中常常是互通使用的,但也有不少研究者认为两者之间有所不同(West和Farr,1990;Mumford和Simonton,1997)。较为普遍的看法是,创造力被定义为产品、服务、流程或者程序等方面产生的新颖而有用的观点(例如,Oldham和Cummings,1996)。而创新被West(1991)等人定义为在组织内部提出和应用,相对于以往而言新的观念、流程、产品或者程序,目的在于显著地改善个人、团队、组织以及更广泛的社会。例如,Zhou和George(2001)将创造力和创新区分为能力和成果,即创造力是产生新想法的能力,创新则是创造力发挥后产生的新想法。由此可见,创造力是在认识到绩效差异后而产生的新观点,而创新的目标在于提供某种有用性,创新过程具有明显的应用成分并期望产生创新性结果。研究创新理论的学者也曾多次强调创新是比创造力更加宽泛的概念,它在创造力的基础上还包括了观点的实施(例如,King和Anderson,2002)。综合以往的研究发现,个人创造力可视为个人创新的前置因素,即必须先有创造力才能有创新想法。

不同学者对个体创新以不同的方式加以定义,这些研究的差异主要表现在个人创新概念化的方法上,目前的研究主要通过个人特质、行为以及产出来实施概念化(Kleysen和Street,2001)。就个人创新的行为视角而言,Kanter(1988)认为创新是一个多阶段的过程,新想法的产生只是其中的一个阶段。Scott和Bruce(1994)承袭这一观点将个人创新行为分成三个阶段,首先是问题的确立以及思想或解决方式的产生;然后是寻求对其思想的支持并试图建立支持其构想的联盟;最后是产生创新的标准或模式使其可以被扩散或者批量制造。Kleysen和Street(2001)将个人创新行为定义为"将有益的创新观点予以产生、导入以及应用于组织中任一层次的所有个人行动"。有益的创新观点包括新产品构想或技术的发展、为了改善工作关系所做的管理程序改变或是为了提升工作程序的效率及效能所应用的新构想或新技术。

根据以上个人创新行为方面的研究,本书将个人创新行为定义为"在工作场所中,企业成员受个人或者环境的影响而产生创新观点并将其导入和应用于组织中的所有行为集合,这些行为既包括企业层次的改变,也包括工作技术、管理程序或者工作关系等方面的调整"。

第三节 研究问题的提出

鉴于研发人员拥有远远高于非知识型员工的职业选择权,一旦对现有工作没有新鲜的感觉,或缺乏充分的个人发展空间,他们倾向一个自主的工作环境,因此,本书认为鼓励创新的团队氛围以及对个人的支持是研发团队成员表现出创新行为的关键。

因此,本书的总体研究目的在于:以多层次观点检验个人层次和团队层次变量对个人创新行为的作用机制,分别用个体层次回归模型和跨层次模型来进行检验。在个人层次上以社会交换理论为基础进行分析并检验知觉组织支持对于个人创新行为的影响机理,以及员工的职业承诺在知觉组织支持与个人创新行为之间的中介作用。同时在情境因素方面,考虑到中国员工普遍具有高权力距离倾向,他们倾向顺从、尊重和忠于团队规范,团队对其成员具有明确的要求或者隐性的期待,迫使绝大多数成员调整自己的个性和特点,做出符合团队要求的行为。所以,本书还将在以上个体变量的基础上以社会认知理论为基础探究团队创新气氛和团队互动过程对于个人创新行为的影响机理。以下分析将逐步展开这些问题。

首先,许多错综复杂的因素影响研发人员创新行为的形成,近年来我国企业也较为重视创新行为形成的硬件环境,然而相对忽视了企业研发人员在实施创新行为过程中的社会支持因素,尤其是这些组织政策最终要被员工感知。因为在不同情境下企业员工会预期组织对自己的赞同程度,组织如何对待员工会影响到员工知觉组织支持(Wayne,Shore和Liden,1997)。组织对于员工的表扬、加薪、晋升、工作丰富化以及教育训练机会等激励措施是影响员工知觉组织支持的重要方面,企业员工如果认为自己受到了组织的良好对待,会愿意表现出利于组织的积极行为以作为交换(Shore和Tetrick,1991)。尽管国外关于知觉组织支持的相关研究取得了较为丰富的研究成果,证实了知觉组织支持与离职倾向、组织公民行为等态度和行为变量存在着显著的关系,但是少有研究去关注其对员工个人创新行为的影响,事实上尽管创新属于研发人员的工作职责,但同样也是一个员工可以自由裁量的行为,因此员工知觉的组织支持程度是否会对创新行为也具有类似的影响需要进一步探讨。由此提出本书的第一个研究问题。

问题一:研发人员的知觉组织支持对个人创新行为产生何种影响?

其次,在全球企业普遍重视研发能力的形势下,企业研发人员的工作态度和工作行为直接关系到企业的研发绩效。在选题的初期,作者不断地在思考"工作对我的意义是什么?我想要做什么工作?在工作时我最重视的是什么?"。随着研究问题的深入,作者发现研发人员作为企业中的特殊群体有着鲜明的特征,研发人员相对其他企业成员而言更加重视自身的职业发展和职业规划,他们愿意开发工作技能以及创造工作机会来实现自身的职业目标。因此,适合的管理模式显得非常必要,对研发人员的管理不再是严格的人事约束或者从一而终的组织忠诚,而是以他们的职业成就目标的实现来换取其价值创造。现有研究已经表明受职业驱动并且职业承诺度比较高的员工表现出更多的组织公民行为,但是少有研究证明职业承诺和个人创新行为之间的关系。此外,尽管国内学者余琛(2009)研究了职业承诺在组织支持感与职业成功之间存在中介作用,但是职业承诺是否也在知觉组织支持与个人创新行为之间存在中介作用呢? 如果能够证实职业承诺这一职业心理因素对个人创新行为的产生具有直接和中介效应,那么该研究结论将对当前的企业管理实践产生重要的意义。由此提出本书的第二和第三个研究问题。

问题二:研发人员的职业承诺对个人创新行为产生何种影响?

问题三:研发人员的知觉组织支持是否经由职业承诺对个人创新行为产生影响?

再次,个人创新行为的研究为什么要考虑团队创新气氛呢? 过去研究中气氛的概念受到应用心理学家以及组织社会学家的广泛重视,但总体来说分为两种模式,即认知地图模式和共享知觉模式。前者把气氛定义为个体关于环境的结构性表征或者认知地图,并揭示关于环境的意义建构过程(Schneider和Reichers,1983)。而后者则强调了共享知觉的重要性,并把共享知觉作为气氛概念的核心(Dansereau和Alutto,1990)。尽管越来越多的人关注到了共享知觉模式,但是只有少量的研究是把工作群体或者团队作为一个分析层次并进行跨层次的个体行为的预测研究。事实上,个人创新行为是一个社会过程,该过程很大程度上依赖于周围的情境。由于个体在团队工作中相互影响,有着共同的目标或者可以实现的结果,任务之间相互依赖使得个体之间容易形成共同的理解或者期待的行为模式(West,1995),在研发团队内部容易形成共享的创新气氛,因此,本书计划把团队创新气氛操作化为团队层次变量并验证团队创新气氛对个人创新行为的跨层次影响作用。基于此,提出了本书的第四个研究问题。

问题四:团队创新气氛对于个人创新行为会产生何种影响?

另外,团队成员的创新行为是发生在团队背景下的个人创新,Van Offenbeek和Koopman(1996)认为个人创新行为是包括成员参与与成员互动的一个持续过程,该过程很大程度上依赖于其他人的参与。例如,新观点的产生往往来源于团队给予的灵感和力量;即使员工具有创造性并且产生了新观点,但是其观点的实施取决于他人的同意、支持以及资源等。如果员工对自身的工作进行创新,同样也依赖于他人,这是因为除非该员工本质上是完全独立的,否则他的工作会影响到其他人并且常常需要他人的批准。Blumberg和Pringle(1982)指出,即使个体具备相应的能力和意愿去实施,但仍然需要实施的条件和机会(这些条件或机会不同于个体因素)。因而,团队互动过程对于新观点的产生以及观点的推广与实施都具有很大的影响,团队的互动过程会直接影响到成员创新行为的产生,然而刘雪峰和张志学(2005)认为,目前国内学术界有关工作团队成员的互动过程研究寥寥无几……有关团队成员的互动与团队绩效之间关系的实证研究还很缺乏,团队互动的内部过程有待于引起更多的关注。基于此,提出了本书的第五个研究问题。

问题五:团队互动过程对于个人创新行为会产生何种影响?

最后,在问题四和问题五的基础上,团队创新气氛和团队互动过程对于个人创新行为的形成是否还存在间接效应呢?本书根据社会认知理论,认为人类行为除了受环境因素影响外,也会受存在于个人内心的态度和认知因素的影响。创新气氛较强和团队互动较为密切的团队中,成员更容易感受到接受、认同和相互鼓励,这将有助于提升个体完成创新任务的自我效能;同时,团队创新气氛和互动过程使得团队成员为了共同组织目标与任务达成而紧密结合,强化了团队内成员的规范服从、合作与互助。因此,本研究选用自我效能感和主观规范作为个体的认知因素,探讨团队创新气氛和团队互动过程是否也通过它们影响个人创新行为的形成,即用两层数据结构并以个体层次作为中介变量的多层次中介模式来进行分析(Krull和MacKinnon,2001)。

虽然近年来团队创新气氛和团队互动过程概念已渐为国内学者所认可和熟悉,然而,团队创新气氛和团队互动过程对于个人创新行为影响的实证研究却并不系统。这主要表现在:首先,虽然气氛能够导引组织成员的注意力和行动趋向(Isaksen,1987;Kanter,1988),但是团队创新气氛作为一种集体认知是通过何种机理影响成员的认知、动机并最终来影响个人创新行为有待进一步的探索,目前还不清晰特定类型的气氛带来特定的结果还是多种结果(Anderson和West,1998)。其次,虽然根据社会认知理论,团队互动过程可以通过个体认知过程进而影响研发人员的创新行为,团队互动过程是否通过多种途径来影响个体的创新行为有待进一步研究。基于此,提出了本书的第六个研究问题。

问题六:团队创新气氛和团队互动过程经由什么样的个体认知过程对创新行为产生作用?

综上所述,在个体层次影响因素的研究上,由于环境变革对企业人力资源管理的政策与实践提出了空前的挑战,但不管怎样,人力资源政策需要被企业员工所感知,这种认知会影响员工的态度、行为进而作用于组织绩效。此外,鉴于组织重组、员工工作不安全感的增加与意外事件的发生等,许多学者(例如,Meyer和Allen,1997)都认为员工的承诺将由组织移转到职业。因此,可以说个体的职业承诺将会是个体追求进步的重要条件,也是影响员工的认知与行为绩效之间关系的重要途径。因此,本书将从个体层面研究个体的知觉组织支持以及职业承诺因素对于个人创新行为的影响。

在团队层次因素情境方面,团队创新气氛不但会影响团队绩效,而且还对很多个体层次变量具有影响作用,而过去文献对于个人创新行为的研究大部分是以宏观或微观的观点并集中在单一层次上(Ostroff和Bowen,2000),即使有少数团队创新气氛与个人创新行为的实证研究,但往往集中在团队创新气氛的直接效应分析上。此外,团队互动过程是团队良好运作的重要特征,个体的创新过程离不开团队成员之间的交流与合作,而关于团队互动过程与个人创新行为之间的关系研究更是寥寥无几(张秀霞,2006)。因此,以上两个团队变量对于个人创新行为的直接或间接影响作用的探索,对于团队塑造及探究团队情境下的创新方式无疑具有重大意义。

第四节 研究方法和技术路线

一、研究方法

本书将采用理论研究与实证研究相结合、文献阅读与调查访问相结合的方法对个人创新行为及其影响因素进行研究。本书具体所采用的研究方法如下:

(一)文献研究

通过文献的检索、阅读和分析来了解相关领域的研究趋势,确定本研究的研究背景与目的,并在此基础上厘清国内外关于团队创新气氛、团队互动过程、主观规范、自我效能感、知觉组织支持、职业承诺及个人创新行为等领域的研究脉络和现状,以此作为本书理论分析展开的基础。

(二)访谈研究

一方面,访谈可以加强对研究问题的确认和深化,另一方面,尽管本书采用的研究工具大多是国外学者所开发的成熟问卷,但是由于文化及语言上的差异,为了使国外量表能够达到所欲分析测量的构念,本研究力求在访谈的基础上重新讨论现有问卷,经过翻译程序后通过专家和管理实务界人士讨论以确保测量的针对性。

(三)问卷统计分析

通过对企业研发人员进行访谈和问卷调查,获取足够的研究样本数据。在此基础上利用相关分析、方差分析、探索性因子分析、验证性因子分析、回归分析以及跨层次分析等统计分析方法,通过SPSS 15.0、LISREL 8.70以及HLM 6.08等软件对研究假设进行分析和验证。

二、技术路线

本研究在前期的文献阅读和企业调研所形成的研究兴趣基础上,再通过进一步的文献阅读反复地确认研究范围后将研究问题加以定义,接着推论出研究假设和研究命题,然后通过问卷调查的方式收集实证研究数据,最后通过资料的分析进一步形成研究结论,本研究的研究程序如图1.1所示。

(一)界定研究背景与目的

通过对个人创新行为及相关领域的探讨来了解企业研发人员的工作和职业特征,针对研究人员的关键工作行为以及促使激发这些行为的动因,提炼出本书的研究背景与目的,在此基础上进一步明确本书的研究问题。

(二)文献探讨与分析

在以上的基础上进一步探讨团队创新气氛、团队互动过程、主观规范、自我效能感、知觉组织支持、职业承诺及个人创新行为等方面的理论文献,找出这些领域现有研究的空缺和局限,明确本书研究的切入点,并对本书涉及的关键概念进行界定,同时归纳整理出本研究的理论基础。

(三)建立概念模型与假设

针对研究问题与内容,进一步搜集相关文献来充实各概念之间的逻辑关系,通过理论推导构建概念模型。根据概念模型对其中的变量以及变量之间的关系深入地进行理论分析,发展出本书的研究假设。

(四)问卷设计与小样本测试

根据所搜寻到的国内外文献进一步分析是否有相关研究量表以及是否恰当,然后将搜集到的国内外研究量表与该领域的专家进行讨论咨询,以选择合适的研究量表,并对国外量表进行初步的翻译和内容词义上的修改,使其符合本书的研究样本与目的。在此基础上通过访谈方式对企业研发人员进行小样本试测,确定本书最终的正式研究问卷。

(五)选择研究对象并实施调查

以我国企业研发人员为调查对象,依据便利性原则选择研究企业和研究团队,对企业研发团队的成员采用随机抽样,在对委托调查人员进行培训后,以现场调研和电子邮件的方式发放研究问卷。

(六)处理数据

将回收问卷进行整理,剔除不合格问卷之后,进行数据编码及录入,再通过统计方法进行资料整理与分析,并以LISREL 8.70、SPSS 15.0以及HLM 6.08等软件分别进行个体层次回归分析和跨层次分析以验证理论假设的适合性。

(七)撰写研究结论与建议

根据研究分析结果综合和归纳研究发现,形成具体的研究结论与建议,指出本书的研究局限和以后的研究方向。

经过以上过程后,再整合各流程的资料、研究数据与分析结论,根据写作规范撰写成研究初稿,再经过多次文献上的调整和语义上的修改后,形成最终的书稿。

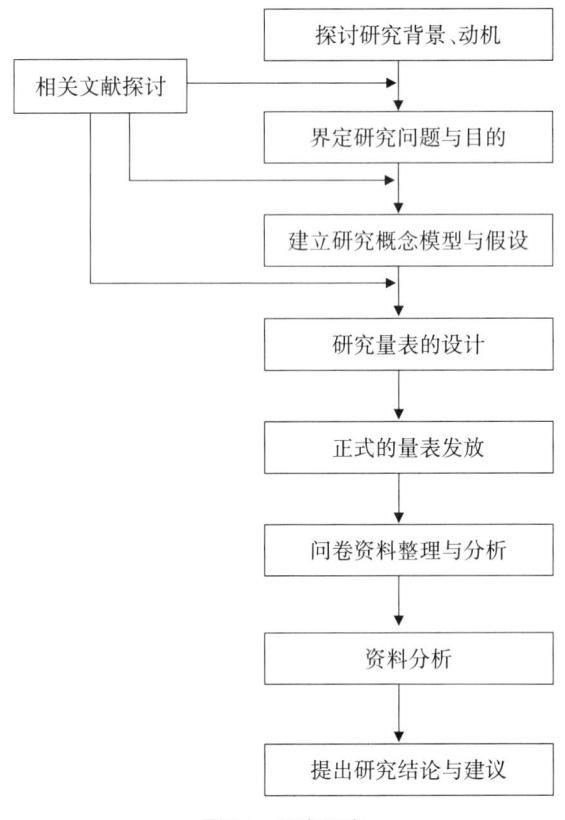

图1.1 研究程序

第五节 理论基础

一、社会认知理论

美国著名的心理学家Bandura(1977)结合行为主义与社会学习的概念提出了社会认知理论,该理论是在社会学习的基础上加入了认知因素,例如自我效能、期望、信念等,即个人行为不仅受到自身认知及态度等因素的影响,也会受到目前所处环境、氛围及资源等外在因素的影响,因此,社会认知理论将更加能够准确地解释动态环境中的个体行为,被已有研究广泛地运用于多个领域,如医疗、决策管理、人力资源管理、教育、计算机技能训练等(Bandura,1982;Wood 和 Bandura,1989;Wood 和 Bandura,1990;Schunk,1989;Zimmerma,1990;Compeau 和 Higgins,1995)。

社会认知理论认为人的知识和技能的形成不全是通过直接实践的方式,否则意味着人类知识的发展将受到很大的限制,事实上人们通常是通过观察别人的行为与结果间的关系以达到学习的目的(Rosenthal 和 Zimmerman,1978)。在此基础上,Bandura 以个人(person)、行为(behavior)以及环境(environment)三者相互持续的影响关系来解释人的行为(图1.2)。行为可能受到态度、信念或过去经验的影响,也会受到环境中所呈现刺激的影响,但是,个人、环境及行为的相互影响并不代表来自不同方向的力量具有相同的影响力,也并不表示这两个方向的影响作用将会同时发生,个人因素和环境因素并非独立存在对行为的作用,而是行为发生的两个相互依赖的因素,即 $B=f(P\Leftrightarrow E)$。

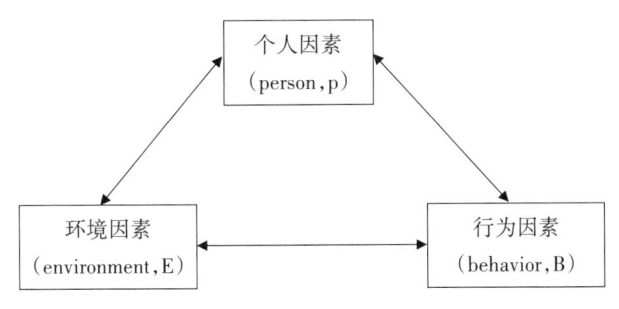

图1.2 个人、环境及其行为的交互作用

资料来源:Bandura, A. Self-efficacy: Toward a unifying theory of behavioral change[J]. *Psychological Review*, 1977, 84(2): 191-215.

Bandura(1988)认为社会认知理论最适合用来解释动态环境中人的行为,即通过个人因素与环境因素来探讨行为的发生。Davis 和 Luthans(1980)认为社会认知理论是一个解释个人行为的综合框架,近年来个人创新行为的研究逐渐地受到学者们的重视并发展出不同的视角。从社会认知的观点来看,个人创新行为也是通过个人与环境交互作用而形成,环境除了有形环境外,如包含场地、设备、器材等,更涉及人与人之间以及人和工作之间的联系,团队创新气氛和团队互动过程作为重要的环境因素影响着个体创新行为。员工对客观环境的感知属于心理环境。很多研究者强调心理环境的重要性,团队创新气氛作为"共享"的心理环境也必然影响成员的创新行为。此外,当个人在面对创新任务时,许多时候需要他人提供知识、资源,或者通过人员间彼此的互动与交流提供数据、信息等方面的支持和帮助,因此,团队互动过程也是重要的环境因素。

在个体认知方面,本研究以自我效能感与主观规范共同作为个人因素中的关键要素。本书根据社会认知理论也将自我效能感作为解释个人创新行为的基本机制,拥有某项能力与是否能够运用好这项能力是不同的,要将某项能力运用在困难的工作环境中,除了需要好好地运用技能及资源外,自信程度也会有不同的影响。这是因为较强的个人效能信念会增加行为的动机和解决问题时的努力程度。此外,本研究将主观规范作为个体的第二个认知因素,以往对规范的研究大多集中在集体层次上,集体层次上规范是群体成员从事规定或者禁止行为时的普遍准则,而个人对规范的理解就是规范的感知即主观规范,Yanovitzky和Rimal(2006)认为对规范的心理表达(或者感知的规范)不是规范本身对行为有更多的影响。

二、社会交换理论

个人在发生交换行为时通常要考虑可能牵涉自身的利益和报酬。也就是说,个人与他人互动所可能产生的利益是交换过程能否发生的重要影响因素。如果在交换过程中双方不能得到满意的结果或报酬,则没有交换的必要。自1950年社会交换理论开始逐渐兴起,学者们陆续发展出了不同的学说流派,本书不打算完整全面地阐述这些理论体系,主要介绍以Homans为代表的行为主义与Blau为代表的结构主义交换理论学说以作为本书的理论基础。

Homans(1958)发表的《作为交换的社会行为》被视为社会交换理论的开端。1961年其著作《社会行为:它的基本形式》更完整地阐释其理论内涵。这些著述代表着社会交换理论的产生并引起了学者们的广泛注意,主张社会学的核心应在于个体行为与互动的探讨,强调引导行为的增强模式以及报酬与代价的过程。Homans认为人际的互动行为是一种过程,在该过程中双方参与者执行与对方有关的活动并交换有价值的资源。人类之所以愿意持续某些行为是因为在过去经验中得到了报酬。如果某种行为越容易获得报酬,人们重复此行为的可能性越大,如果获得报酬的行为与某种情境有关,人们会再次寻求类似情境;如果报酬越有价值则人们更愿意采取行动。如果以前的经验证明这些行为会付出代价,那么他就会停止这些行为。因此,当个体知觉到彼此间的交换关系具有吸引力的时候便会持续与对方互动,否则他们便会转向其他人以寻求满足他们的需要,这些需要可以是商品或是情感。对于个人而言,交换行为的发生是因为各取所需,而对于组织和团队而言,则是因为它们能够满足其成员的需求。以个人创新行为为例,当研发人员认为组织能够满足其需求时才可能表现出持续的创新行为而进行交换。

此后,Blau在1964年发表了《社会生活中的交换与权力》,该书在整体上继承了Homans(1958)的观点,但是相对于Homans把社会交换看作处理社会生活的基本形式,Blau(1964)则从结构与文化层次上整合了基本形式与交换问题,后来被大多数学者称为结构主义交换理论。Blau的理论可区分为个人与个人、个人与群体、群体与群体三个层次,就个人与个人层次而言,人们基于彼此相互吸引而建立起社会联结,一旦初步的联系形成,他们各自提供的报酬就能够维持和强化彼此的联系。所交换的报酬可以是内隐的或是外显的,前者如爱、情感,后者则如金钱、体力劳动等。就个人与群体层次上,Blau认为社会互动首先存在于社会群体之内,在社会互动的过程中人们之所以被某一群体吸引是因为这个群体关系比其他群体能够获得更多的报酬,他们希望能被此群体接纳,同时为了能够被接纳,他们必须提供给这个群体某些报酬。在群体与群体层次上,整个社会的大部分成员间无直接的社会互动,必须有其他机制以调节中介的社会关系结构,中介在复杂的社会结构之间的机制就是社会中的规范与价值。

Blau继承了Homans的论点,认为人类行为会因获得报酬而得到增强,但他不认为所有社会行为均为交换行为,并且交换行为是个人为了实现目标而和他人进行协调的行动。Blau将Homans的学说由个人间的交换层次提升到个体与群体、群体与群体的交换层次。此外,人际的社会交换关系的参与者并非以眼前可能得到的利益进行判断,而是预期未来对方会以某种形式进行回报。社会交换理论经常被用来研究组织中多种现象的社会交换过程与行为(例如,Cardona、Lawrence和Bentler,2004)。在本研究中,知觉组织支持被作为一种重要的社会交换机制来解释成员的创新行为。这是因为员工对组织的态度或行为是根据组织对自己的支持程度而决定,这种判断是存在于员工心中的一种信念。当员工知觉到组织支持自己时会产生对组织的义务感,因而通过展现支持组织目标的行为如创新行为来履行自己的义务。

三、组织学习理论

学习是一个行动过程,即当组织实际的成果与原先预期的结果发生差距时,组织会针对差距进行主动的甄别与矫正(Aygyris和Schon,1978)。Fiol和Lyles(1985)认为学习是通过获取及发展新的知识与能力来改善组织行动的程序。Kolb(1984)提出了经验学习的概念,认为个人学习往往来自对过去经验的学习,即将过去的经验转换为知识的一种创造性过程。Senge(1990)将组织学习定义为组织获取有关外在环境的知识,进而调整组织活动,使组织的输入和产出与环境响应之间能维持动态均衡的关系,同时Senge也提出学习型组织(Learning Organization)的概念,认为学习型组织是响应环境变化并通过持续性的自我革新而继续发展的组织,其包括自我超越、心智模式、共同愿景、团队学习、系统思考等五个要素。学习型组织中成员不断突破自己的能力上限,创造出真心向往的结果,培养前瞻而开阔的思考方式,实现共同的愿景并一起不断学习如何学习。

基于系统观点,学习可通过分析层级而被划分为个体、群体与组织学习三个层次(Inkpen,1998)。组织拥有认知系统与记忆,虽面临组织成员与领导核心不断地更迭的情况,但组织记忆会随时间而保留特定的行为、心智地图、规范与价值观(Hedberg,1981),因此组织在取得知识后会进行信息的传播与信息的解释,最后将知识储存为组织记忆(Huber,1991),所以,虽然组织学习是经由个人发生,但如果认为组织学习只是其成员学习的累积结果是不正确的。Grossan,Lane和White(1995)通过四个分析层级来探讨组织学习,分别是个体层次、群体层次、组织内部层次(intra-organization)、组织间层次(inter-organization)。个体层次强调个人过去经验的学习、组织成员之间的学习以及人格特质等;群体层次强调研究成员之间的沟通和信息分享;组织内部层次强调组织系统、组织架构、组织程序等;组织间层次则强调战略观点,如组织之间的合资关系、战略联盟等行动。组织间学习是近来在战略管理领域中备受关注的议题,其中包括厂商间的吸收能力、网络学习等主题,Cohen和Levinthal(1990)以学习观点提出吸收能力是组织吸收来自外界的知识,吸收后将知识整合、内化且应用至新产品开发或其他目的上的能力,同时吸收能力也代表组织通过既有知识来预测未来技术发展与产品开发的能力。

Marquardt在1997年提出了学习型组织系统模型。这一模型包括学习、组织、人员、知识和技术五个子系统,子系统之间彼此相关,相互支撑和共同聚力,从而促进组织学习的发生和发展。其中:学习子系统包含学习的层次(个人/团队/组织三个层次)、类型(适应型学习/预见型学习/行为型学习)和技能(系统思考、深度会谈等);组织子系统指的是公司的文化、愿景、行动战略及组织结构等方面,目的是最大地促进所有成员的自主性和责任意识;人员子系统则包括整个业务链条上的所有参与者和利益相关者(如员工、合作伙伴、客户等)共同学习;知识子系统则保证组织对知识的有效管理,包括获取、创造、存储、分析、转移、应用、确认等流程和要素;技术子系统则通过各种信息技术手段来管理知识和促进学习效果,其手段通常包括电话或网络会议、多媒体教学、学习管理系统等。

此外,Watkins与Marsick的理论模型描绘了组织学习在不同层面的关系,包含个人、团队、组织与社会层面,这些层面之间是相互影响的(图1.3)。简单来说,Watkins与Marsick认为一个好的组织必定是一直不断在学习的,在学习的同时通过许多层面将外在知识与经验内化为组织的政策与方针。组织的学习具备高度社会性的特质,人与人共事会相互学习与模仿,这现象一样发生在团队与组织的层面,就像连锁反应一般。而社会作为一个外部影响的因素也影响了组织的学习。例如,组织何时会学习、组织会如何学习,以及组织又会学到什么,并且形成了组织与特定环境的关系与联结。组织与特定环境的关系则会迫使组织不断尝试以及创新,目的则是要克服眼前组织所遇到的困难与瓶颈。

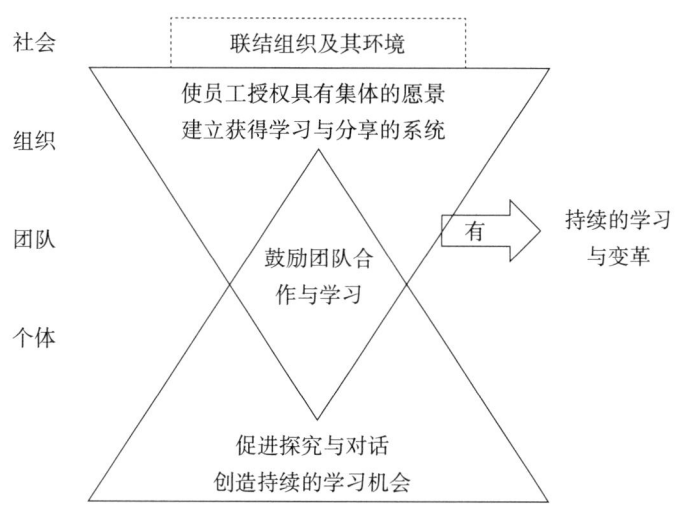

图1.3 Watkins与Marsick的组织学习模型

数据来源：Watkins K E, Marsick V J. Sculpting the learning organization: lessons in the Art and Science of Systemic Change [M]. Jossey-Bass Inc. 350 Sansome Street, San Francisco, 1993.

四、跨层次分析理论基础

跨层次分析又称为多层次分析，是将不同分析层次的变量同时纳入研究架构。过去的很多组织行为学研究并未重视组织现象的多层次性而忽略了概念层次和测量层次，于是造成了不同组织层次间推理过程的混乱。如果研究者以某一分析层次的结论推论到其他分析层次可能会导致偏误，常见的偏误有两类：第一类是生态化谬论（ecological fallacy），是指研究者将高层次资料分析所得的结论推论至较低层次的现象，在此情况下往往容易使较低层次的结论被高估；另一类为原子化谬论（atomistic fallacy），是指将个人层次分析所得的数据推论至组织或团队层次时，在个人层次所产生的关系不一定会反映在组织或团队层次。

因此，在某一层次所得的结论如不恰当地推论至另一层次，则变量之间的关系变得更强或更弱，甚至影响关系将因此改变（Ostroff, 1993）。基于以上观点，研究者应从跨层次的角度研究组织中的跨层次现象才不至于导致上述的谬论。多层次理论采取中观分析的观点，在研究架构中同时纳入不同分析层次的变量，并非将不同的层次分开描述后再一起研究，许多组织行为学者建议研究者在探讨个体行为或态度时，应同时纳入个体特征、认知、人格因素等个人层次因素与群体结构、组织气氛、文化因素等情境层次因素（例如，Klein和Kozlowski, 2000）。

跨层次理论模型的建构是通过确认不同层次的现象并对这些不同层次构念间可能存在的联系进行研究。组织系统中的任一层次都嵌入或包含在更高层次的情境之中，如个体嵌入在团队内，而团队嵌入在组织内，组织则嵌入在产业之中等。构念在不同层次间的关系可分为下行与上行两种基本过程(Klein和Kozlowski,2000)。下行过程是指高层次的情境因素对组织系统中较低层次现象的影响,通常下行过程是使用在假设推论上;上行过程是用来描述低层特性如何衍生成高层的集体现象。本书除了分析个体层次因素对创新行为的影响外,还会进一步探讨团队层次变量——团队创新气氛以及团队互动过程对员工创新行为的直接影响以及以个体层次作为中介变量的跨层次分析(Krull和MacKinnon,2001)。

第六节　本书的主要创新点

本书针对团队层次和个体层次的变量对个人创新行为的作用机理进行研究,归纳起来,论文的主要创新点有四个方面。

首先,本书以社会交换和社会认知的双重视角同时分析个人创新行为的影响机理。社会交换理论以人性的自利假设为基础,通过组织和员工双方利益的交换来展现员工的行为,但是并非所有团队中的个人创新行为都是由自利和交换动机驱动,团队创新气氛和团队互动过程所形成的规范对其中的行为也有着十分重要的影响,通过验证不同路径的影响就可以为团队的创新管理实践提供有力的理论依据。

其次,本书在现有知觉组织支持和职业承诺的文献基础上,验证了知觉组织支持和职业承诺各自对个人创新行为的影响,以及知觉组织支持通过职业承诺这一研发人员的重要态度变量对创新行为的影响过程。尽管国内学者余琛(2009)研究了组织支持感、职业承诺和职业成功三者之间的关系,本书在此基础上进一步探索了知觉组织支持通过职业承诺这一重要的研发人员的态度变量对其创新行为的影响,丰富和拓展了个人创新行为个体层次影响变量的研究。

再次,本书探索了团队创新气氛、团队互动过程与个人创新行为之间的关系。尽管对于团队创新气氛与团队互动过程的研究较为成熟,然而国内对于个人创新行为跨层次中介过程的研究并不多。例如,团队创新气氛的研究主要集中在将其作为自变量对创新行为的直接效应方面,或者有的研究将其作为调节变量(如,张文勤等,2010)。目前团队互动过程的研究也只是停留在团队互动过程对团队效能的影响方面(王海霞,2008;周莹,王二平,2007),而对于团队互动过程的影响机制尤其是跨层次的影响机理,国内学者目前还少有涉及。本研究以自我效能感和主观规范作为个体认知因素,探讨团队创新气氛和团队互动过程对于个人创新行为的影响过程与机理。

最后，本书根据当前学者的建议，在我国情境下运用跨层次的研究方法系统地分析个人创新行为的形成机理。考虑到个人创新行为的社会性和互动性（不同于个体创造性的研究），跨层次研究不仅体现为一种统计方法，更是一种较为系统的研究思路。按照多层次理论的观点，组织的环境会影响到组织中个体的态度、知觉与行为，因此，开展跨层次的个人创新行为研究，实际上是探讨团队情境因素对个体行为的作用机制，能够更加整合性地理解处于团队情境下的个人创新行为。

第二章 文献回顾与述评

本章是在本书所提出的研究问题基础上,针对这些研究问题所涉及的研究变量进行梳理和述评。首先,针对个人创新行为的概念内涵、测量、影响因素以及作用效应进行国内外文献述评,然后对团队层次自变量团队创新气氛以及团队互动过程、跨层次模型中个体层次中介变量——自我效能感与主观规范,以及个人层次影响因素知觉组织支持和职业承诺等变量的相关研究进行文献回顾,在前人研究的基础上进一步发现问题,为后面章节理论模型与假设的提出打好基础。

第一节 企业创新的定义与分类

一、企业创新的定义

创新在《韦氏高阶英语词典》中被解释为引进新的事物(introduce new things),是一种新的概念、方法或设备(Merriam-Webster,2009)。创新的理论基础主要源自美籍奥地利经济学家Schumpeter在1912年出版的《经济发展理论》一书中首次提出的创新理论,并强调创新在经济体系中扮演着极重要的角色后,创新的概念开始获得学术界的重视,企业开始积极地进行创新以期自身的发展而不会被淘汰。熊彼特对创新的定义不是指科学技术上的发明创造,而是把已发明的科学技术引入企业之中,形成一种新的生产能力。他认为创新是企业利用资源,以新的生产方式来满足市场的需要,是经济成长的原动力。值得一提的是,创新和创造力的关系在人们的观念中非常近似,甚至一些学者混用这两个概念,或者认为它们是在开发新系统、产品的过程中共生而无法分割的现象。正是因为这样,在

Academy of Management Review 的主题检索里输入创造力(creativity),也会见到创新(innovation)的内容。事实上,这些看似相关的概念被不同学术领域的学者所研究,创新的研究主要集中在社会学、经济学、工程学以及组织理论等领域,而创造力的研究几乎全部集中在心理学领域。Leonard 和 Swap(1999)认为创造力是"形成并表达可能有用的新奇点子的过程",而创新则是"创意观点的实际使用或商业价值实现过程中知识的具体化、综合以及合并"。

创新一词具有多重意义,可以是一个过程,同时也可能是一个结果;可以是一种内在的反应,也可能是外在的改变(Damanpour,1996)。目前学者对创新的定义大致包括三个视角。(1)部分学者认为创新是一种产品。例如,Damanpour(1991)认为企业创新是指采用内部自然产生或向外部取得的某种活动,该活动对于组织而言是新的,如设备、系统、政策、方案、过程、产品、服务等,范围涉及企业经营有关的各种活动。Smith 等人(2005)将企业创新视为生产或设计新产品,主要是以具体的产品或产品专利为衡量依据。(2)还有的学者将创新看作一个过程。例如,Hodge,Anthony 和 Gales(1996)认为企业创新的意义就是将创造或新颖的想法转变成有用的商品、服务或生产方法的过程。Clark 和 Guy(1998)将创新定义为把知识转换为实用商品的过程,强调这一过程中人、事、物,以及相关部门的互动与信息的反馈,创新过程是知识创造与科技知识扩散的主要来源,也是企业提升竞争力的主要方法。Hill 和 Jones(1998)则认为创新是指一种由组织运用其技能与资源去建立新科技及产品的新方法或新程序,对客户的需求予以改变及提供较优响应的过程。(3)有的学者则采取了综合的观点,例如,Wolfe(1994)将组织创新的内涵分为产品观点、过程观点、产品及过程观点、多元观点四种不同观点。表2.1列出了不同学者关于创新的主要观点。

表2.1 创新的定义

作者	年份	定义
Schumpeter	1934	科技创新可以促进经济成长,对于个人生产力、资源的有效运用、工作的本质以及贸易的竞争,有其无比重要的影响力,其认为创新可以使投资的资产再创价值。
Thompson	1965	创新是指对新的概念、流程以及产品和服务的生产、接受以及实施的过程。
Zaltman et al.	1973	创新是指被相关部门采用的新的概念、操作以及人工结果。
Mogee 和 Schacht	1980	技术创新是指那些使得所属的产业变得更新和得到改善的流程。
Peters 和 Waterman	1982	是指一个擅长于持续地对环境的各种变化做出积极反应的企业以拥有创造性的员工以发展出新的产品和服务的特征。

续表

作者	年份	定义
Damanpour & Evan	1984	认为并非只有导入新的技术才可称为组织创新,凡能够顺利完成既定目标,通过技术或管理而成功地整合架构者即为组织创新的表现。
Peter Drucker	1985	创新提供了创造财富并且把它们变成真实的能力。只要是让现有资源创造价值的方式改变,即可视为创新,所以创新是一个可以学习与实现的领域。
Tushman 和 Nadler	1986	创新意味着新的产品、服务以及流传的创造过程。许多成功的创新受到累积的概念与方法改变的影响。
Betz	1987	创新意味着新的产品或者改进。
Chacke	1988	创新是修订一种新的观念、程序或产品,使其符合现在或潜在的需求。
Frankle	1990	创新意味着满足新的或者潜在的需要或者通过改进和开发既有的功能来达到商业目的。
Gattiker	1990	创新活动是指个体、团队和组织产生的程序或者流程,在创新的过程中,组织会运用各种新的知识和相关信息。
Vrakking	1990	创新是一种观念,一种运作,或任何产品被认为是全新时,则称之为创新。
Damanpour	1990	创新是指新的产品、服务、加工技术、管理系统或者结构以及新的计划。
Betz	1993	创新是将新产品、程序或服务介绍到市场。另外技术创新是创新的一部分,是将以科技为基础的产品、程序或服务介绍到市场。
Brown	1994	创新是指期待发展出不同的或者更好的方式以增加产品、流程或者程序方面的价值。
Wolfe	1994	组织创新的内涵分为产品观点、过程观点、产品及过程观点、多元观点四种不同观点。
Higgins	1995	创新是发明(invent)新事物的过程,可以对个人、团队、组织、产业甚至社会、国家产生极大价值。而且创新可以使企业在竞争力或产品流程上,与别的企业处于相对较低成本的地位,所以创新是掌握竞争优势的秘诀。
Amabile et al.	1996	创新是指组织中创造性观点的成功实现。
McGourty et al.	1996	企业可以通过创新使投资的资产再创其价值。
Pereira 和 Aspinwall	1997	创新被广义地定义为业务流程重组过程。
Gallouj 和 Weinstein	1997	创新是产品属性的增加或功能上的提升。
Hill 和 Jones	1998	创新是公司内部任何生产或制造新产品的新方法,包括产品式样的增加,生产制造管理系统以及组织结构或策略方面的开发。
Clark 和 Guy	1998	创新是指将知识转换为实用商品之过程,所强调的是在该过程中人、事、物以及相关部门的互动与信息的回馈,而且创新是创造知识及科技知识扩散之最主要来源。

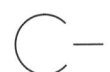

续表

作者	年份	定义
McAdam et al.	2000	有效的商业创新是指个体利用创造力对环境做出改进,通过技术的或者生产的进步以及设计和开发出新的产品,一个组织差异化其产品、流程以及程序。
Fco.Moreno 和 Morales	2005	创新是促使组织更具竞争力的策略选择,其并非将旧有的事情做得更好,而是将现有的事情做得更新颖、更简化且更有效率。
McGahan	2004	创新活动指公司有后续报酬的所有投资活动,包括员工训练课程、基础设施及发展等投资支出,是反映组织为未来而做的决策。
Daft	2005	组织采用当前环境体制下前所未见的观念或行为的一项过程。
Carlson 和 William	2006	创新是创造和提供市场中新的顾客价值的一种过程。
Moon 和 Kym	2006	创新可以有效地执行,并在市场上使用,甚至可以使组织与社会更为完善。
操龙灿	2006	创新一般是指人类在认识和改造客观世界和主观世界的实践中获得新知识新方法的过程与结果。创新包含了科技发现和创造、技术发明和商业或社会价值实现的一系列活动,即科学发现和技术创新。
方厚政	2007	创新是新技术与市场的结合。创新离不开研究开发组织的科研努力,也不能忽视战略计划、采购、工程、生产和市场化等环节。创新包括发明的产生、推广和商业化应用。
谢陆宁	2007	创新不是简单的任务,它是存在创造性、挑战性和风险的复杂过程。为了成功地完成复杂的创新项目,企业需要将不同专家(通常处于不同的功能部门中)组合起来形成团队,团队成员在技能和想法上进行互补,通过他们之间的合作完成创新任务。
郭韬	2008	创新具有多个侧面。有些创新可以提高工作效率或巩固企业的竞争地位,有些创新可以改善人们的工作质量或生活质量,有些创新对经济有根本性的影响。创新未必是全新的事物,旧的事物以新的形式出现或以新的方式组合也是创新。
刘诗白	2010	科技创新是知识创新、生产技术条件创新、劳动技能创新、组织管理创新。
张晶敏	2010	创新就是对事物的整体或某些部分进行变革,从而获得更新和发展的活动。这种更新与发展,可以是事物内部构成因素的重新组合,也可以是事物外部形态的转变,这些都是事物的内容或形态由于增加新的因素而得以完善和丰富。
高鹏	2012	创新是组织利用新知识改变资源配置方式,从而带来组织绩效的增益。这种增益包括产品设计效率提升、生产效率提升、供应链效率提升、财务绩效提升、客户服务质量提升等多个领域。
王来军	2014	创新是一个复杂的互动学习过程,涉及新观念、新发明、新产品的开发、设计、生产,营销新战略和新的市场开发等一系列活动。

续表

作者	年份	定义
王涛	2014	创新定义的演变展现了创新方式与创新内容的不断丰富和发展,但是创新的本质始终不曾改变,它强调新知识、新技术的开发与应用,通过更新组织提供的产品或服务,不断改进生产方式,创造出新的经济价值,获取新的经济利润。
鲁继通	2016	创新是一个由知识研发、技术产生、技术应用与转移的活动,通过不同创新主体、不同要素资源之间的融合与协作,最终作用于技术经济上实现价值创造与价值转化的复杂动态工程。
于凡修	2017	创新是将发现或发明的成果应用于经济生活中,或将生产要素加以重新组合并产生经济效益的过程。
曹建飞	2017	创新是指对落后的不适宜的体制、机制、政策、方式、技术和产品进行改良改革,以全新的形式、技术、方法和路线,塑造新的运行机制,形成新的结构和功能,推动事物的进步。
王宇	2017	创新是企业为达到提高经济效益从而适应动态环境的目的,持续重复地发掘新资源或尝试新的资源组合的过程。这些活动包括物质和非物质,技术和管理,以及产品和工艺相关。

二、企业创新的分类

企业创新是一种多维度的、多层面的复杂构念,因此,学者们依据自身的研究需要,对创新这一概念进行了分解,分门别类地进行分析。对于创新的分类有很多种,最常见的分类方式有以下三种(Damanpour,1991)。

第一,根据创新的发起者不同,企业创新可分为管理创新和技术创新。Daft(1978)认为管理创新是指组织战略及组织结构要素的创新;技术创新则包含产品、技术本身,工序流程与产品创意等方面的创新。Damanpour(1991)进一步指出管理创新包括组织结构和管理过程的创新,这些创新与组织生产经营的基本活动间接相关而与组织管理活动直接相关,它涉及组织的规划、组织、用人、领导、控制等方面,而技术创新与产品和过程等方面的基本活动直接相关。Subrmanian 和 Nilakanta(1996)在前人研究基础之上对这两个概念进行了更为细致的描述,他们认为管理创新会影响组织内部成员及他们的社会行为,包含角色、规范、程序及成员间的沟通模式,同时还包括新管理系统、管理流程等方案的引进,管理创新虽不能直接提供新产品,但会间接影响新产品的引进与新产品的生产流程。Damanpour(1991)提出企业创新的双内核模式与Daft(1978)的概念相同,也将企业创新分为管理创新与技术创新两种类型。Samson(1991)则将创新分为产品、程序、管理与系统创新。Gopalakrishnan(1997)认为许多创新的研究只重视技术创新而忽略了管理创新的重要内涵。

第二，根据创新的结果不同，分为产品或服务创新、生产流程创新、组织结构创新和人员创新(Knight, 1967; Kanter, 1988; Burgess, 1989; Wolfe, 1994; Dougherty 和 Bowman, 1995; Lumpkin 和 Dess, 1996)。Knight(1967)认为产品或服务创新是组织的生产、销售或产出过程中新产品或新服务的引进。生产流程创新是指企业在进行业务决策、信息系统管理、实体产品的生产，或提供服务的过程中引入新的要元素。组织结构创新包括改变组织的工作任务、权利关系、通信系统或正式的奖励机制。组织结构创新是对产品过程创新的补充，因为它包含了组织参与者之间的正式关联和权力关系，而这些关系正是在产品生产流程中所建立的。组织内的人员创新体现在两个方面：一是改变解雇或聘任的方式；二是通过教育培训改变人们的思想或行为。Robbins(2001)则认为企业创新包含结构、技术、物质及人员等四个层面的创新。

第三，根据创新给组织带来的变化程度不同，分为渐进性创新与激进性创新(Dewar, Dutton, 1986)。Dewar 与 Dutton(1986)把技术上非常规的、根本的、革命性的创新称为激进性创新，这种创新可以给组织活动以及结果带来根本性的改变。而变异性的、常规的、逐渐演变的创新是渐进性创新，这种创新的结果与现有实践的偏离较少。Henderson 和 Clark(1990)将企业创新分为渐进式创新、模块式创新、架构式创新及突变式创新等四个类型。近年来，还有的学者提出了双元创新模式，组织双元的相关概念在组织管理领域已成为新的研究热点，其探讨的重要议题是组织如何在两个矛盾与冲突间取得平衡，组织双元模式可定义为组织在管理上对互为对立任务的取舍，可解决企业对探索与利用之间平衡的需求，以及企业有效地应对探索创新与应用创新之间所形成的紧张与矛盾。除此之外，有的研究者还根据创新的不同阶段来划分创新，例如，Klein 和 Sorra(1996)将企业创新区分为知觉阶段、选择阶段、采用阶段、实施阶段及制度化阶段。

三、企业创新的研究视角与理论

Wolfe(1994)在 Damanpour 之后整理了企业创新领域的文献资料，并归纳出三个研究视角：(1)创新的扩散，主要关心的问题是创新的行为是通过什么样的模式扩散出去的？在空间与时间轴上如何进行扩散？扩散的现象如何解释？速率如何预测？Rogers(1983)发现影响创新扩散的因素有采用者的特质、采用者所属的社会网络、创新的特性、环境的特质、和他人沟通有关创新的过程、推动创新者的特质等六个方面。(2)组织创新的影响因素，主要关心的重点是影响组织创新的决定因素究竟有哪些？这个研究流派是探讨个人、组织与环境的变量对组织创新造成的影响，将组织创新视为因变量。Wolfe 归纳后认为也许结构变量是影响组织创新的主要决定因素(Damanpour, 1988)。因为该流派是以变量观点来看待创新，导致创新过程中所发生的改变会被忽略，而且是以采用的决策为主，而非实行的状况(Radnor, Felle & Rogers, 1978)，换言之，采用不一定等于实行，这也是该流派的研究限制。(3)过程理论的研究,主要关心的重点是组织在实行创新的时候,要经过什么样的组织内部过程？创新是如何产生、发展、成长或是终止的？过程理论的研究不像创新扩散或是组织的创新那样以变量的研究模式进行,而是将发展创新和实行创新的一系列临时性活动切割成不同的重点。相较于其他两种创新而言,创新过程的研究比较偏向质性研究(Rogers,1983;Van de Ven & Angle,1989)。

Wolfe(1994)所提出的三个流派备受后续学者的接受与采用,他明确地指出在组织创新的相关研究文献中最一致的现象就是:所有的研究结果都不一致,说明创新研究领域不但多样化,更缺乏单一的理论基础,这也是许多学者专家努力的目标。Read(2000)针对以往的文献进行探讨也同意Wolfe的看法,为了朝向单一的理论基础迈进,Read以开放系统模式为组织创新研究的基础(Read,2000),将组织置于产业或是国家的情境脉络中,探讨组织创新的投入、转换、产出、反馈等,后续的研究又加上了混沌理论的概念,强调未来面对多元化竞争情境的组织将会变成一个具有敏感性的动态系统,具有非线性与无法预测的改变。

Crossan和Apaydin(2010)的研究表明,许多的实证研究并没有呈现出一个明确的理论基础,仅有七分之一的创新有关文献包含了一个理论。其中大部分是学习理论与知识管理理论,还有一部分是网络理论以及经济理论。此外,知识基础观以及适应理论也在一些研究中得到了运用。Crossan和Apaydin(2010)还发现,网络理论、学习理论以及知识管理理论在所有层次的研究中都有涉及,经济理论基本上集中在经济或者社会层面的研究中,知识基础观和适应理论被运用在组织层次,而心理学理论主要运用在个体层次。总体来说,学者们目前对于组织创新议题的研究中,不同的创新研究层次往往对应了不同的理论基础(表2.2)。

表2.2 企业创新所涉及的理论

理论	跨层次	宏观层面 (经济/产业/市场)	组织层面	微观层面(群体/团队/个体)
制度理论	Burns and Wholey (1993)	Cohen and Levin (1989); Haunschild and Miner (1997); Westphal et al. (1997)	Balachandra and Friar (1997) (contingency); Lam (2005)	
经济与演化理论	Berry and Berry (1992); Van de Ven and Poole(1995)	Coe and Helpman (1995); Feldman and Florida (1994); Pouder and St. John (1996)	Blundell et al. (1995) (路径依赖); Brown and Eisenhardt (1997); Pil and Macduffie (1996)	

续表

理论	跨层次	宏观层面（经济/产业/市场）	组织层面	微观层面（群体/团队/个体）
网络理论	Burns and Wholey (1993); Ibarra (1993)	Ahuja (2000); Hargadon and Sutton (1997); Porter (1998); Westphal et al. (1997)	Hansen (1999); Powell et al. (1996)	
资源基础理论和动态能力理论			Christmann (2000); Lei et al. (1996); Teece (1998); Tidd et al. (1997)	
学习理论、知识管理理论、组织适应与变革理论	Brown and Duguid (1998) Von Krogh (1998)	Hargadon and Sutton (1997); Haunschild and Miner (1997)	Cohen and Levinthal (1990); Denison et al. (1996); Edmondson et al. (2001); Eisenhardt and Tabrizi (1995); Grindley and Teece (1997); Lam (2005); McGrath (2001); Powell (1998); Powell et al. (1996); Tushman and O'Reilly (1996); Sorensen and Stuart (2000)	Leonard and Sensiper (1998) Orlikowski 和 Gash (1994)
其他理论	Woodman et al. (1993)（互动论）	Finnemore (1993)（建构主义理论）	McGrath (1997)（实物期权理论）	Agarwal and Prasad (1999); Chatman et al. (1998); Harrison et al. (1997); Mick and Fournier (1998); Mintrom (1997)

数据来源：Mary M. Crossan, Marina Apaydin. A multi-dimensional framework of organizational innovation: A systematic review of the literature[J]. *Journal of Management Studies*, 2010, 47(6): 1154-1191.

虽然更高层次的研究可能更全面，企业在组织、团队和个人层面的创新在实践上更容易进行控制，例如行业，国家或全球层面可能超出了单个企业的控制。King 和 Anderson (1995)指出创新必须落实于个人、团体、组织等三个层次。各层次的创新均有不同的着力点，个人层次方面重视创新人才的培训和选拔，团体层次方面强调创新团队的组成，组织层次方面则要求建立起创新能力与组织结构、组织气候、组织文化之间的关系。从创新的层次概念中也可以发现组织的创新传递其实是从个人层次以及团队凝聚而来，任何形式的创新其基础都来自个人创新（Woodman, Sawyer 和 Griffin, 1993）。

通过对现有文献的回顾，发现除了 Crossan 和 Apaydin（2010）的研究以外（图2.1），还没有形成关于创新影响因素的一个总体框架，其主要是由于创新本身的复杂性。企业的创新不仅是一个过程,而且是一个结果,同时也包含了不同的研究层次,创新问题的研究不仅回答了"如何"创新,而且还回答了"什么"以及"何种"创新的问题;创新的过程研究包括了层次、驱动力量、创新的方向(自下而上或自上而下)、创新的焦点等;创新结果的研究则包含了创新的形式、程度、参照点、类型等。

环境因素

产业:市场结构与产业特征(Cohen 和 Levin,1989)。

环境特征:不确定性和复杂性(Tidd,2001)。

地理系统:国家、地区或者当地的创新系统(Cooke,2005; Moulaert 和 Sekia,2003);创新系统层次之间的连接性(Bunnell 和 Coe,2001)。

网络特征:外部资源(Romijn et al.,2002);网络资本(Pittaway et al.,2004);关系资本(Capello,2002)

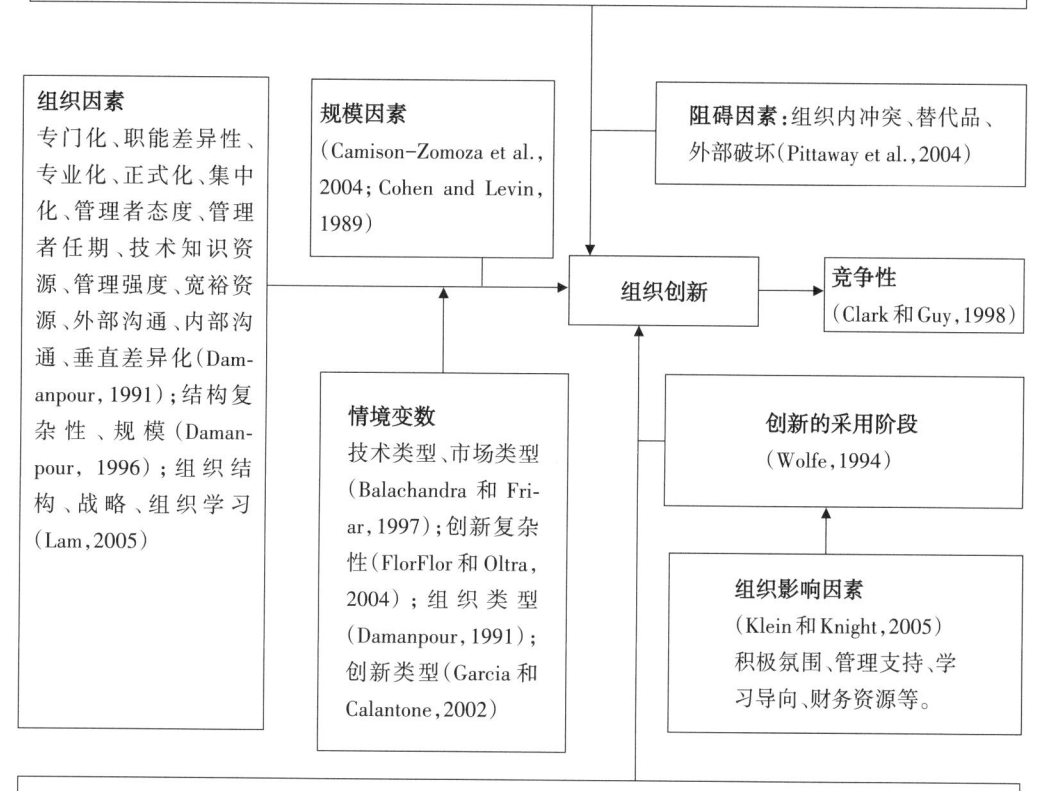

组织因素

专门化、职能差异性、专业化、正式化、集中化、管理者态度、管理者任期、技术知识资源、管理强度、宽裕资源、外部沟通、内部沟通、垂直差异化(Damanpour,1991);结构复杂性、规模(Damanpour,1996);组织结构、战略、组织学习(Lam,2005)

规模因素
(Camison-Zomoza et al., 2004; Cohen and Levin, 1989)

阻碍因素:组织内冲突、替代品、外部破坏(Pittaway et al.,2004)

组织创新 → **竞争性** (Clark 和 Guy,1998)

情境变数
技术类型、市场类型(Balachandra 和 Friar,1997);创新复杂性(FlorFlor 和 Oltra,2004);组织类型(Damanpour,1991);创新类型(Garcia 和 Calantone,2002)

创新的采用阶段
(Wolfe,1994)

组织影响因素
(Klein 和 Knight,2005)
积极氛围、管理支持、学习导向、财务资源等。

个体和群体层次

内部资源:管理者专业背景、劳动技能、内在的努力(Romijn et al.,2002);

个体因素:个性、动机、认知能力、工作特征、情绪状态(Anderson et al.,2004);

群体因素:团队结构、团队氛围、团队过程、成员特征、领导风格(Anderson et al.,2004)

嵌入社会实践的隐性知识(Nightingale,1998)

图2.1 现有研究关于企业创新的影响因素

数据来源:Mary M. Crossan, Marina Apaydin. A multi-dimensional framework of organizational innovation: A systematic review of the literature[J]. *Journal of Management Studies*, 2010, 47(6):1154-1191.

第二节 个人创新行为的相关研究

在当前快速变化的复杂商业环境中,企业是否有创新能力已被视为可否持续保有竞争优势的先决条件。创新可分为个人、团队、组织等三个层次(King和Anderson,1995),虽然最终都反映于组织的核心能力上,但其过程是由个人延伸至团队,最后才扩散到组织(Woodman,Sawyer和Griffin,1993)。也就是说个人创新是所有创新类型的基础,各种创新的结果都是由个人创新延伸扩大而来,而个人创新行为难以解释且复杂,过去的研究中常出现许多不同的定义,值得进一步厘清和探讨。

一、个人创新行为的概念内涵

产品、服务以及工作流程的持续创新对于当今的组织而言非常重要。因此,如何鼓励企业员工表现出创新行为是学术界及企业界相当重视的议题(例如,Damanpour,1996;Perry-Smith & Shalley,2003)。对持续改进与创新重要性的认识不仅出现在创新方面的学术文献当中,而且在其他的管理原理中也得到了重视,如全面质量管理(McLoughlin & Harris,1997)和公司创业(Sharma和Chrisman,1999)等。

近年来,不同学者以多种方式对个人创新加以定义和操作化。个人创新可通过个性特征、结果以及行为等途径来进行研究。例如,Hurt等人(1977)将个人创新定义为一种广义上的改变倾向,这种倾向反映了个体创新的人格特质。Kirton(1976)认为个体存在于一个连续带上,连续带的两端分别为"个体将事情做得更好的能力"(do things better)和"以不同方式处理事情的能力"(do things differently),即个体偏向于适应或者创新。Kirton指出适应者是在现存的知觉框架中解决问题,而创新者则是重建此知觉框架,这两种不同的认知形态与其产生的行为相关,其中创新者的行为更倾向以不同方式来思考问题,如表2.3所示。Jackson(1976)则通过人格量表衡量个体的创新特质(innovative disposition)。West(1987)所衡量的角色创新是指工作者与上任相比个人在其工作上所做改变的程度。Amabile(1982)在研究个人创新时通过特定产品领域专家来衡量个体所制造产品的创新程度。

其他学者则将个人创新定义为一系列自由决定的员工行为(例如,Scott和Bruce,1994),本研究也通过这种途径来研究个人创新。个人创新行为通常包括机会的探索和新观点的形成,但同时也包括变革的实施,应用新知识或者为了提高个人和企业绩效而进行的改进过程。许多关于创新的早期研究更多关注员工的创意或者创造性观点的产生,也就是说只关注了创新的前期阶段。后来一些学者建议拓展创新的概念并对观点的实施给予更多的关注(Mumford,2003;Zhou和Shalley,2003)。

表2.3 适应者与创新者的行为描述

适应者	创新者
强调精确、效率、纪律和遵从等	不遵守规则或寻求不同方法完成任务
解决问题而不是发现问题	主动发现问题并找出解决之道
以成熟的方法寻找问题解决方式	怀疑问题的先前假设并重新思考
提高效率是减少问题发生的重要方式	不顺从群体共识并被认为是不合群的
稳当、遵从、稳健以及可靠	被认为是不稳健和不实际
倾向产生达成目标的手段	追求目标但忽略公认的可用手段
长时间进行精细的工作仍能保持准确	仅能短时间进行精细和重复的工作
既定结构下的权威者	非结构性情境下能主导全局
谨慎地挑战规则	不管过去惯例,时常挑战规则
高度自我怀疑并因社会压力或权威而受伤	产生构想时不自我怀疑并不怕反对
对于制度运作来说相当重要	对于计划外的危机来说比较有用
与创新者合作时提供秩序以及持续性	与适应者合作时超越过去的公认理论
维持群体和谐及合作	时常威胁群体和谐及合作
是创新员工危险操作时的安全基础	避免制度僵化并偶尔带来根本的改变

资料来源:Kirton, M. Adaptors and innovators: A description and measure[J]. *Journal of Applied Psychology*, 1976(61):622-629.

Kanter(1988)认为个人创新行为是一个多阶段的过程,新想法的产生只是其中一个阶段。Scott和Bruce(1994)承袭这一观点将个人创新行为分成三个阶段,首先是问题的确立、新思想或者解决方式的产生;然后是个体为其创意寻求赞同者的支持并试图建立支持其构想的联盟;最后是产生创新的标准或模式,使其可以被扩散或者批量制造并推出商品化的产品和服务。Kleysen和Street(2001)认为之前的创新行为研究多是通过单维度来衡量个人创新行为,因此无法充分掌握这一概念的丰富性及可能存在的多层面性。他们参考West和Farr(1989)的意见,将个人创新行为定义为"将有益的创新观点予以产生、导入以及应用于组织中任一层次的所有个人行动"。有益的创新包括新产品或技术的开发、为了改善工作关系所做的管理程序的改变,或是为了显著提升工作程序的效率所应用的新构想或新技术。

Wu、Yan、Han和Wang(2000)认为创新研究应该着重强调具体获得成功实践的过程,该概念也和Scot和Bruce(1994)以及Kanter(1988)等对个人创新行为的界定相一致。本书在文献收集的过程中,采用如下关键词进行检索:Individual innovation、Individual innovation behaviors、Creative behaviors、Innovative work behaviors、Creative individual action。在充分阅读这些相关文献的基础上并参照 Kleysen 和 Street(2001)的定义,本书将个人创新行为界定为"在工作场所中,企业成员受个人或者环境的影响而产生创新观点并将其导入和应用于组织中的所有行为集合"。一般而言,这些行为既包括企业层次的改变,也包括工作技术、管理程序或者工作关系等方面的调整。就具体的研发任务而言,本书将研发创新行为的范围限定为新构想的产生并将其呈现在具体产品或服务上的过程,创新的程度既包括颠覆性的新观点,也包括小规模和局部范围的创新。

综上,个人创新是所有创新类型的基础,各种创新的结果都是由个人创新延伸扩大而来。创新可划分为个人、团体、组织等三个层次,其发展过程也是由个人延伸至团体,再进而扩散至组织。创新与创造力和创意等概念的内涵接近,在部分研究中相互通用,但近期已有研究将创意或创造力视为过程,创新是历经过程后产生新想法的结果,本研究从该差异化定义的角度进行个人创新行为的研究。

二、个人创新行为的测量

大多数的个人创新行为量表是单维结构。Scott 和 Bruce(1994)综合了 Kanter(1988)关于创新阶段的看法以及与企业主管访谈后的成果,开发了个人创新行为量表,共计六题,该量表将个人创新行为视为单一构面,主要测量员工在组织中对新技术、新流程、新技巧或新产品方面的创意进行寻找、确立和实施的过程,以及成功地将创意付诸行动实践以成为有用产品或服务的行为表现程度。该量表 Cronbach's α 信度系数为 0.89。为了证实个人创新行为量表的效标关联效度(criterion-related validity),Scott 和 Bruce 从公司的档案资料中取得每位员工的实际发明数量作为客观指标,研究结果显示员工的实际发明数量与其主管评价的个人创新行为之间的相关系数为 0.33($p<0.001$)。在后续的研究中,Bunce 和 West(1995)利用五个问项的量表测量员工的创新行为,Scott 和 Bruce(1998)也开发了一个更加简化的涵盖四个过程的个人创新行为量表。

Spreitzer(1995)、Basu 和 Green(1997)也开发了个人创新行为的四问项量表,这些简化的量表在研究中要求管理者评价下属的创新性,也没有进一步区分行为的具体类型。Jin Nam Choi(2007)也开发了一个四问项的量表,该量表 Cronbach's α 信度系数为 0.84,包括"我在工作的完成过程中经常提出新的观点或者新的方法""我经常对我的同事提出工作的改进建议"(改编自 Scott 和 Bruce,1994);"我经常建议改进工作中低效率的规则或者政策""我经常改变我工作的方式以提高效率"(改编自 Morrison 和 Phelps,1999),以上量表采用 Likert 五点尺度方式。

Janssen(2000)起初打算开发一个真正的多维度创新行为量表,测量方式分别为自我报告和他人报告。该量表是在综合Kanter(1988)的创新观点基础上,用其中的三个问项测量新观点的产生,三个问项测量新观点的推广以及用另外三个问项测量新观点的实施。测量观点产生的问项如"在工作上我经常有新的点子",测量观点推广的问项如"当我有新的点子,我能够向别人表达",测量观点实施的问项如"我会对新点子仔细衡量是否可以实施"。该量表三个维度之间的相关系数介于0.84(观点产生和观点实施)和0.87(观点产生和观点推广)之间。考虑到各维度之间比较高的相关性,Janssens将它们合并形成一个单维结构的整体量表。自我报告和领导报告的创新行为Cronbach's α信度系数分别为0.95和0.96。Kleysen和Street(2001)以自我报告方式开发的量表也存在同样的问题(包含十四个问项),并最终形成单维结构量表。随后,Krause(2004)、Dorenbosch等人(2005)、Jong和Hartog(2008)分别以管理层、非管理层以及知识型员工开发了真正的多维结构量表。但是,总体来看大多数学者开发了单维结构的量表,在实证分析中多数研究者也采用了单维结构作为研究工具。以上这些研究量表如表2.4所示。

表2.4 个人创新行为的测量量表

研究者	项目数	维度	开发量表的样本	Cronbach's α
Scott和Bruce (1994)	6	单维	研发部门172名工程师、研究人员以及技术人员	0.89
Bunce和West (1995)	5	单维	样本1:435名公共医疗卫生服务部门员工 样本2:281名公共医疗卫生服务部门员工	0.75; 0.80
Spreitzer (1995)	4	单维	工业企业393名管理者的下属	0.91
Basu和Green (1997)	4	单维	印刷企业的225名员工	0.93
Scott和Bruce (1998)	4	单维	样本1:110名研发专业人员 样本2:电器制造商的工程师研发人员	0.86; 0.84
Janssen (2000)	9	单维	食品制造商的170名员工	自我报告:0.95; 上级评价:0.96
Kleysen和Street (2001)	14	单维	不同组织的225名员工	0.97
Jin Nam Choi (2007)	4	单维	大型电子企业分支机构的4059名员工	0.84
Axtell等人(2000)*	12	—	饮料制造企业的148名机器操作人员	0.87; 0.89

续表

研究者	项目数	维度	开发量表的样本	Cronbach's α
Krause（2004）	8	二维	德国不同组织的399名中层管理者	两个维度分别为0.78和0.81
Dorenbosch等人（2005）	16	二维	荷兰地方政府组织的132名非管理人员	两个维度分别为0.90和0.88
Jong和Hartog（2008）	10	四维	荷兰商业和政策研究机构的81名知识型员工及他们上级	四个维度分别为0.90、0.88、0.95和0.93

注：Axtell等人（2000）用观点建议行为（suggestion）以及观点实施行为（implementations）两个独立量表来测量个人创新行为，开发者为Borrill et al.（1998），但是这两个方面仍然具有较高的相关性（r=0.54）。

资料来源：De Jong J P, Den Hartog D N. Innovative work behavior: Measurement and validation [J]. *EIM Business and Policy Research*, 2008, 8(1): 1-27.本研究在此基础上做了进一步整理。

三、个人创新行为的影响因素

（一）个人创新行为的国外研究现状

早期的个人创新文献主要关注了个体观点形成与表达（Davis，1989；Martindale，1989），而相对忽略了观点实施过程中的影响因素，直到后来才有越来越多的文献开始研究内涵比较宽泛的个人创新过程（例如，West和Farr，1990）。新观点的表达和实施都属于员工创新行为的构成部分（Oldham和Cummings，1996）。

总体来说，个人创新行为的影响因素包括了个人特质、内在工作特征、群体特征、工作关系以及组织特征等。前已述及，新观点的形成是创新过程的开始，其个体层次的影响因素有个人特质和工作特征等。具体而言，这些变量包括工作胜任力、内在工作动机，创新相关技能以及创新性人格等（例如，Amabile和Gryskiewicz，1989；Oldham和Cummings，1996；Unsworth和West，1998）。但是Axtell等人（2000）认为在某种程度上这些研究存在着同义反复（比如，创意相关技能和创意特质）。

最近的研究开始关注自我效能感和角色导向两个变量对个人创新行为的作用。这些研究发现自我效能感对人的行为尤其是与改变相关的行为有着明显的作用，自我效能感被认为对个体角色创新的程度有显著影响（Farr和Ford，1990）。Parker（1998）认为员工在完成一系列主动性任务的过程中表现出这种自我效能信念，他们则更容易取得成功。个体的角色导向也被认为是促进创新行为非常重要的影响因素，Anderson和West（1998）认为个体的责任感属于员工角色导向的范畴。Morrison和Phelps（1999）提出"感受到的责任"和员工的主管行为积极相关。相反，那些具有狭窄消极角色导向的员工不太可能提出新的观点，因为他们认为"这不是我的工作"并且会有别人做这些工作。

把内在工作动机纳入创新行为的决定因素当中,使得研究者开始关注工作特征相关因素,因为工作特征相关因素与内在工作动机密切关联(Hackman和Oldham,1980)。例如,Herzberg(1966)认为内部动机的提升能够促使员工了解更多的知识,而把握这些知识之间的联系对于个人创新非常重要。Farr和Ford(1990)认为工作的丰富化相对于简单的工作更具有挑战性并需要更多的思考,因而有利于进一步促进创新。为数不多的几篇研究也证明了工作特征和建议行为之间的关系。例如,Hatcher、Ross和Collins(1989)发现工作的复杂性和员工建议的数量积极相关。Oldham和Cummings(1996)基于工作诊断问卷发现工作复杂性与创造性的个体特质对创新观点的建议阶段产生交互影响。总体而言,对工作特征的研究表明当员工从事多样性的工作并且具有高控制的条件下,员工更容易对如何改善他们的工作提出建议。但是Scott和Bruce(1994)的研究表明工作类型与创新行为之间的相关关系不够显著。

对团队特征的研究表明,如果成员认为新观点受到鼓励和期待(例如,创新的支持),他们在参与决策过程中体验到公开表达观点是足够安全的时候(例如,参与安全),团队创新就会增加(Anderson和West,1998)。从工作设计方面的文献来看,团队工作特征可能会影响团队的创新水平。例如,当团队成员具有广泛的责任并且对于工作的执行能够实施控制的时候,团队创新更容易发生,因为这种情况下有利于培育员工的胜任能力(Parker,1998)。此外,Sethia(1991)指出工作团队的团结程度是影响个人创新行为的关键。尽管这些团队特征对创新的影响研究更多集中于团队层次,West和Farr(1989)认为团队因素同样对个体创新行为有影响。

在组织因素中,许多研究集中在领导和管理风格对创新的影响方面。尽管在此方面没有明确的结论(不同的领导风格在不同的情境以及不同的创新阶段都被认为是有效的),但是比较一致的结论是参与式或者合作式的领导风格更容易产生创新(Anderson和King,1993)。事实上,West(1990)认为决策过程的参与提高了员工对于决策结果的心理所有,因而员工能够提出完成任务所需要的改进方法。领导的反馈和认知被看作管理风格的重要方面并与个体创新行为有关(King,1990)。Amabile和Gryskiewicz(1989)提出组织气氛对于个人创新行为有着显著影响,Cummings和Oldham(1997)的研究指出组织工作环境会影响员工的创新行为,Scott和Bruce(1994)基于社会互动理论提出领导方式、工作团队关系以及问题解决风格除了直接影响个人创新行为外,还通过创新气氛间接影响个人创新行为。Janssen(2005)认为员工感知的影响与上级支持对个人创新行为产生交互影响。

此外,King和Anderson(1995)强调创新行为的建立必须落实在个人、团队与组织等三个层次。在个人层次强调甄选及训练人才;在团队层次则强调创新团队的建立;在组织层次强调组织变革、组织结构、组织气氛等。Wolfe(1994)也认为影响个人创新的因素有个人、组织及环境三类变量。另外,Woodman 等人(1993)提出的组织创新交互模式也认为个人创新行为会受到认知能力、人格、知识、内在动机、社会与情境因素的影响。因此,从相关的文献回顾发现,个人创新行为的形成不只是某一层次因素单独作用的结果,单一层次上的研究会限制我们对创新过程的理解,事实上创新行为的影响因素至少应该跨越两个或两个以上层次(Baer 和 Frese,2003)。因此跨层次的研究框架对于帮助我们理解个人创新行为形成的复杂性十分必要。

表2.5　个人创新行为的国外研究现状

变量类型	变量	研究者
领导	领导成员关系	Scott 和 Bruce (1994);Shin 和 Zhou(2003);Basu 和 Green(1997);Krause(2004);Sanders et al.(2010);Pieterse(2010)
	领导角色期望管理风格	Scott 和 Bruce (1994);Oldham 和 Cummings (1996)
	领导特质	Rickards 和 Moger(2006);Tierney, Farmer 和 Graen(1999)
	上级支持	Janssen(2005);Amabile(2004);Basu 和 Green(1997)
工作团队	团队特征	Jin Nam Choi(2007)
	团队过程	Taggar(2002)
个体特质	认知、思维	Scott 和 Bruce (1994,1998);Axtell et al. (2000)
	人格	Janssen(2005);Shin 和 Zhou(2003);Bunce 和 West(1995);Oldham 和 Cummings (1996);Kelly(2006)
心理状态	心理气氛、心理授权	Axtell et al. (2002);Bunce 和 West(2008);Scott 和 Bruce (1994);Knol 和 van Linge(2009); Ghani, N.A.A et al.(2009)
	动机、预期(印象)结果	Tierney, Farmer 和 Graen (1999);Shin 和 Zhou (2003);Yuan 和 Woodman(2010)
	组织承诺、公平、满意度	Janssen(2005,2000);Basu 和 Green(1997);Jafri, M. H. (2010);Sanders, K., et al. (2010)
	感知的情境、影响,信念	Krause(2004);Janssen(2005);Pundt(2010)
社会网络	动态、静态	Perry-Smith 和 Shalley(2003);Amabile et al. (1996)
工作特征	工作要求	Janssen(2000)

续表

变量类型	变量	研究者
企业环境、结构与实践	目标、组织结构	Oldham 和 Cummings（1996）；Kimberley 和 Evanisko（1981）
	技能的变化性、时间压力	Katrin（2009）
	组织政策、结构授权、文化	Knol 和 van Linge（2009）；Carmeli et al.（2007）；Slagter（2009）；Zhou（2010）
	组织外环境	Kimberley 和 Evanisko（1981）

（二）个人创新行为的国内研究现状

尽管培育创新的观念得到了共识，但是关于个人创新行为的实证研究是从2006年才开始逐渐受到国内学者的重视。目前国内个人创新行为影响因素的研究主要集中在社会网络与社会资本、动机、心理状态、心理认知以及组织文化和气氛等方面，如表2.6所示。

一些学者从社会网络和社会资本的角度对个人创新行为进行研究。薛靖和谢荷锋（2006）的定性分析指出个人的知识转换能力越高，其创新行为表现越好，个人在不同网络形态中的中心性与个人创新行为正向相关。随后，薛靖等人（2006）认为团队成员的个人外部关系资源对创新行为有显著影响。团队成员的外部关系资源影响个人的创新行为，网络中心性在外部关系资源与创新行为之间没有中介作用。黄秋雯（2009）认为人力资本和社会资本对创新行为存在正向影响，顾琴轩（2009）也证实了科研人员的人力资本和社会资本对个人创新行为产生正向的影响作用。

从动机的角度来看，路琳等人（2007）提出了学习导向与个人创新行为之间的关系，认为学习目标导向的员工往往表现出更多的个人创新行为，而表现目标导向的员工与个人创新行为之间没有显著的关系。邢春晖和石金涛（2009）的研究结论发现学习目标导向对个人创新行为的两维度均有显著的正向影响。卢小君和张国梁（2007）的研究结论表明内在动机是促进个人创新行为的重要影响因素，对创新构想产生和创新构想实施都产生正向影响，而外在动机只对创新构想的实施产生促进作用。冯旭等人（2009）认为内在动机对服务企业员工的创新行为具有直接影响；外在动机对服务企业员工个人创新行为没有直接影响，但是会对内在动机产生促进作用。

从心理状态与心理认知来看，刘耀中（2008）、袁庆宏和王双龙（2010）指出心理授权与员工创新行为之间存在显著正相关。刘云和石金涛（2010）发现心理授权在组织创新气氛和员工创新行为之间起中介作用。此外，白云涛等人（2008）认为信任能够有效地促进员工的创新行为和工作绩效。刘云和石金涛（2009）也认为内在激励偏好和外在激励偏好都与个人创新行为呈正相关。罗瑾琏等人（2010）的研究发现员工认知方式对员工创新行为具有影响作用。

最后，国内学者还从组织文化和气氛的角度对个人创新行为进行研究。张晓曼和卢小君(2008)认为个人创新行为在不同的学习型文化发展阶段具有显著的差异。朱苏丽和龙立荣(2009)验证了不同的组织文化导向对创新行为的促进作用。孙锐等人(2009)的研究表明领导成员交换和团队成员交换通过组织创新气氛影响员工的创新行为。刘云和石金涛(2009)认为外在激励偏好和内在激励偏好分别正向和反向调节创新气氛与创新行为之间的关系。张国梁和卢小君(2010)的研究发现个体感知的组织学习文化是通过不同类型的动机进而影响个人创新行为。李刚等人(2010)的研究发现员工的创新行为很大程度上受到工作环境和社会相互关系的影响。顾远东和彭纪生(2010)的研究也表明组织创新气氛对个人创新行为也具有正向影响作用。

表2.6 个人创新行为影响因素的国内研究示例

影响变量	中介或调节机理	创新行为操作化来源	研究层次	研究者
社会关系网络 社会资本	—	Zhou和George(2001) Scott和Bruce(1994)	个体 跨层次	薛靖等人(2006) 顾琴轩(2009)
目标导向	组织承诺(调节)	Janssen(2000)	个体； 团队/跨层次	路琳等人(2006) 邢春晖和石金涛(2009)；张文勤等人(2008)；张文勤等人(2010)
工作动机	内部动机(中介)	Kleysen和Street(2001) Scott和Bruce(1994)	个体	卢小君，张国梁(2007) 冯旭等人(2009)
领导成员关系 团队成员关系	组织创新气氛(中介)	Scott和Bruce(1994)	个体	孙锐等人(2009)
认知方式	员工心理创新氛围(中介)	Tierney(1999)	个体	罗瑾琏等人(2010)
个人价值观	—	Amabile(1987)	个体	李刚等人(2010)
心理授权	—	Zhou和George(2001)	个体	刘耀中(2008) 袁庆宏和王双龙(2010)
创新气氛	激励偏好(调节,2009)； 心理授权(中介,2010) 创新自我效能感(中介)	Scott和Bruce(1994) Kleysen和Street(2001)	个体	刘云和石金涛(2009,2010) 顾远东和彭纪生(2010) 张文勤等人(2010)

续表

影响变量	中介或调节机理	创新行为操作化来源	研究层次	研究者
企业文化	市场结果导向文化（调节）、创新学习导向文化对创新行为的关系 动机的不同类型（中介）	Kleysen 和 Street（2001） Janssen（2000） Kleysen 和 Street（2001）	个体	张晓曼和卢小君（2008） 朱苏丽和龙立荣（2009） 张国梁和卢小君（2010）
领导行为	感知的组织支持与组织化信任（中介）	Farmer 等人（2003）	个体	白云涛等人（2008）

四、个人创新行为的作用效应

Woodman, Sawyer 和 Griffin（1993）提出了个体层次创新的互动模型。在该模型中，个体创新是人口变量、认知风格与能力、个性特征、社会影响（如社会促进和社会回报）以及情境因素共同作用的结果。如图2.2所示，用函数表达式解释为 $C_I=f$(A, CS, P, K, IM, SI, CI)，各字母变量代表的具体含义见图2.2。同时，个人创新活动的结果成为更高层次创新的输入变量，即团队创新是个人创新、团队构成、团队特征以及团队过程共同作用的结果，用函数表达式解释为 $C_G=f$(C_I, COMP, CHAR, PROC, CI)，各字母变量代表的具体含义见图2.2。由此可见，团队创新是个人创新行为的结果，虽然该模型只是提出了研究框架，并未进一步进行实证研究，但是该模型表明团队创新结果是经过个体、团队及组织采用新的知识或相关的共识，共同努力而形成的新产品或流程，而不仅仅是某一期间内产生的新产品或提供的服务数量（Ettlie、Bridges 和 O'Keefe，1984），因此，个人创新行为会导致团队层次上的创新。

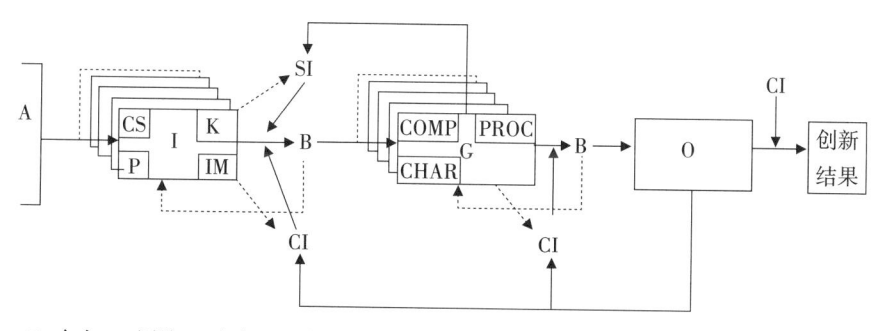

I=个人 G=团队 O=组织 CI=个人创新行为
A=前因变量 B=创新行为 P=个性特征 K=知识
CS=认知风格或者能力 IM=内在动机 SI=社会过程影响 CI=情境因素
COMP=团队构成 PROC=团队过程 CHAR=团队特征

图 2.2 Woodman 等人提出的创新过程模型

资料来源：Woodman, R., Sawyer, J., Griffin, R. Toward a theory of organizational creativity. *Academy of Management Review*, 1993(18): 293–321.

除此之外，Janssen(2003)研究了个人创新行为可能带来的消极后果，Janssen以荷兰一所中学的91名教师为样本，发现个人创新行为与同事冲突和同事关系满意度分别正相关和负相关，而且员工的卷入程度将调节它们之间的关系，即当员工是高卷入的时候，个人创新行为与同事冲突的正相关关系更加明显，个人创新行为与同事关系满意度的负相关关系更加明显。此外，同事冲突中介了个人创新行为与同事关系满意度之间的关系，即个人创新行为影响同事之间冲突并进一步导致同事关系满意度的下降。

Janssen(2004)提出了个人创新行为影响结果的分析框架(如图2.3)，认为个人创新行为对自我和环境的改变有助于员工有效地适应工作，促使能力与需要的匹配，绩效提升，工作满意，减轻压力，更好的人际关系、福利以及个人成长等。但同时个人创新行为也会有消极后果，创新行为的表现者更容易和改变的抵制者发生冲突，这些冲突可能会导致创新者降低对同事或主管的正向情绪。由于创新行为需要在认知和社会政治方面有巨大付出与努力，除了大量而复杂的要求外，向抵制变革者阐明创新的好处也是有困难的。因此，个人创新行为会引起创新者的压力与紧张。此外，个人创新行为还可能引起创新失败和绩效的降低。观点的特征、创新者、同事、主管、组织以及国家文化都会调节个人创新行为的正反两方面的后果。因此，Janssen(2004)主张在将来的研究中应该把个人创新行为作为独立自变量，去分析个人因创新而带来的各种积极或消极结果，并探索这些影响作用发生的具体调节因素。

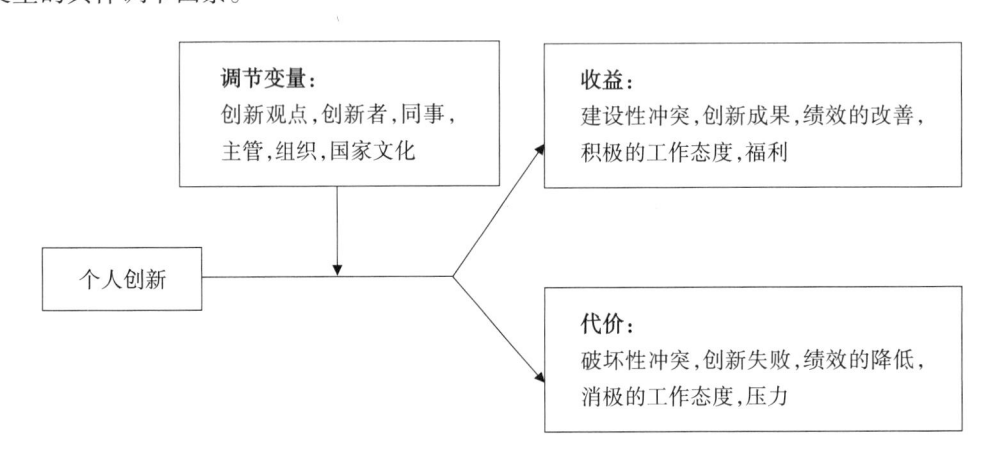

图2.3 个人创新行为的收益及代价的调节模型

资料来源：Janssen, O., Van De Vliert, E., V. West, M. The bright and dark sides of individual and group innovation: A Special issue introduction[J]. *Journal of Organizational Behavior*, 2004, 25: 129−145.

第三节 团队创新气氛的相关研究

一、团队气氛的概念

气氛的概念源自Lewin(1951)研究场论时提出的生活空间观点。在过去的几十年里,气氛的概念受到应用心理学家以及组织社会学家的重视,出现了许多的实证研究和研究评论。这些研究在定义上有个体与群体两种不同层次的观点(Anderson和West,1998),即认知地图模式和共享知觉模式。认知地图模式把气氛定义为个体关于环境的结构性表征或者认知地图,主要揭示环境意义的建构过程。例如,James和Sells(1981)将气氛定义为个体关于环境的结构性表征,是个体通过心理状态以及独特的形式表达对所处工作环境的认知描述。共享知觉模式则把共享知觉作为气氛概念的核心。例如,Reichers和Schneider(1990)把组织气氛定义为对组织政策、实践以及程序的共享知觉。本研究采用后一种模式,将气氛定义在团队层次上并探讨团队成员的共享知觉。

尽管越来越多的人关注到共享知觉模式,运用组织气氛的概念变得越来越普遍。Anderson和West(1998)认为共享气氛是通过积极的社会建构而形成并且嵌入组织结构当中的。而且为了使"共享"成为可能,共享气氛存在三个必要而非充分的条件:在工作中个体相互影响、有着共同的目标或可以实现的结果以及任务之间的相互依赖。满足以上条件的个体之间可能会形成共同的理解和期待的行为模式。但是即使这些条件在团队中都满足并不意味着一定会形成共享的气氛,个体对工作群体的认同以及同事之间的互动是形成共同理解和行为规范(Campion、Medsker和Higgs,1993)的重要条件。除此之外,共享气氛还可能通过其他方式形成,个体的社会化过程或者共同的经历可能导致共同的知觉。在组织层级中不同层次的个体可能暴露于相同的经历并形成气氛的共同知觉。例如,组织上层会向下传达组织愿景、文化以及战略等,可能一定限度上导致员工的共同知觉。

由于受到组织规模和多样性的限制,更加微观的团队或者群体层次的气氛研究就显得非常有必要。Dansereau和Alutto(1990)认为对于组织规模较大,组织结构中部门化程度较高以及管理层级较多的组织,整体层次上的共享气氛不太容易出现。Anderson和West(1998)认为在团队中个体有更多的互动机会并认同自己所在的群体或者团队,共同的思维方式和行为规范更容易形成,因而共享气氛最可能会在个体有互动机会和共同建构知觉的团队环境下产生,所以在群体和团队层次上研究共享气氛更加合适。

二、团队创新气氛的概念

尽管许多研究探讨了组织气氛、组织创新气氛以及团队气氛,但直接针对团队层次创新气氛研究的学者并不多。Schneider和Reichers(1983)认为没有任务参照对象而空泛地去研究气氛没有任何意义(例如具体的变革气氛、质量气氛以及创新气氛)。Rousseau(1988)也认为需要对特定的气氛进行研究,气氛应该是一个总括性术语,针对不同类型的气氛研究比简单而宽泛的气氛研究会更有价值(例如,Glick,1985;Rentsche,1990;Rousseau,1988)。West(1990)、West 和 Anderson(1996)认为团队创新气氛是工作团队成员对影响其创新能力发挥的工作环境的共同知觉。West(1990)在总结了前人气氛和创新研究的基础上提出了团队创新气氛的四因素结构模型。该模型得到了许多学者的认可,以此所开发的团队创新气氛量表具有很好的信效度,也是目前比较有影响力的团队创新气氛测量工具,因此本书主要介绍 West 等人的四因素结构模型。

首先,West(1990)通过文献回顾发现与团队创新相关的气氛因素有大概一致的模式,并总结出了主要的气氛因素:愿景、参与安全、任务导向以及创新支持,这些因素对个体创新和团队创新均具有较强的预测性(West 和 Anderson,1996)。首先,愿景是关于重要结果的观念,这个观念代表了更高层次的目标以及工作中的激励力量。团队愿景有助于激励成员努力地工作,清楚的目标将提供成员努力的方向并发展出适当的工作方法(West,1990)。

其次,参与安全是指决策参与往往是在没有人际威胁的环境下受到激励和加强(West,1990)。员工通过互动和信息共享参与的决策活动越多,他们就会对决策结果的投资越多,提出更多的新观点以及改进工作的方式。Rogers(1983)认为团队成员在非批判性的团队环境中能够提出新的观点和解决问题的方法。

再次,任务导向是指对于优秀任务绩效的共同关切。这种关切具体表现在绩效评价、及时改正、控制系统以及批判性评价等方面(West,1990)。具体而言,任务导向因素强调个体或者团队的责任、评价及改进绩效控制系统、团队内的建设性建议、反馈与合作、相互的监督、对绩效和观点的评价、清晰的绩效标准、对相反观点的探索、建设性争辩(Tjosvold,1982)以及对任务绩效质量最大限度的追求等。

最后,创新支持是指为了改善工作环境中任务的完成方式而给予的期望、赞成以及实际的支持等(West,1990)。创新支持在团队中有很大的差异,它既可以是阐述性的也可以是订立的制度。West 认为团队创新一个必要的条件就是制度性的支持,而不仅仅是阐释性的支持。Daft(1986)认为资源的可获得性对于创新非常必要,Schroeder 等人(1989)强调了从高层获得支持对于创新实施的重要性。

此外,Anderson 和 West(1998)通过对英国国家健康服务中心工作团队的实证研究,发现团队创新气氛包含目标认同、参与保障、任务导向、创新支持、互动频率五个维度,即在修订的版本中,互动频率从四因素结构模型中的参与安全维度中分离出来作为一个单独的维度,互动频率是指团队成员正式见面与非正式见面的频次和程度。本书将引用West(1990)关于团队创新气氛的定义并采用四维度结构进行假设检验。

三、团队创新气氛的影响研究

研究者认为气氛被定义为个体的心理气氛时,组织气氛和许多重要的组织结果有关。这些结果包括领导者行为(Rentsch,1990)、离职意愿(Rousseau,1988;Rentsch,1990)、工作满意度(Mathieu、Hoffman和Farr,1993;James和Tetrick,1986)、个体工作绩效(Brown和Leigh,1996)以及组织绩效(Patterson、Warr和West,2004)等。Brown和Leigh(1996)认为组织的激励和参与气氛与上级评价的绩效相关,Day和Bedeian(1991)的研究认为在结构化和风险支持的组织气氛下员工会有更好的表现。当气氛作为高层次的整体构念时,组织气氛也与许多工作结果相关,例如,Griffin和Mathieu(1997)认为组织气氛与不同层次上的团队过程变量有关。

针对特定气氛类型(例如创新气氛和安全气氛)如何带来特定结果(如创新和事故避免)的研究越来越受到重视。West(1990)总结并提出了团队创新气氛的四维度模型,认为这四个主要的气氛维度对创新有不同程度的预测性。West和Anderson(1996)通过27个医院管理团队的研究发现,团队创新气氛与整体创新、创新的数量、激进性、重要性、新颖性以及管理有效性等维度正相关,创新支持是唯一正向影响整体创新的维度,并解释了46%的方差变异,创新支持也是唯一正向影响创新新颖性的团队创新气氛维度。参与安全维度对创新数量以及团队自我报告的创新解释程度最大,任务导向对管理有效性也有一定程度的影响。整体而言,团队层次创新气氛能够有效预测创新的各个方面。

West和Anderson(1996)使用四因素结构模型在英国进行研究得到较好的信度和效度。Anderson和West(1998)使用38个项目的团队创新气氛量表,将互动频率从参与安全维度中分离出来作为一个单独的维度。Agrell和Gustafson(1994)在瑞典进行了团队创新气氛的预测研究。Kivimaki等人(1997)以芬兰为样本探讨了工作复杂程度对团队创新气氛的影响,提出五维度结构模型比较适合工作复杂程度较高的工作,四维度模型和五维度模型分别解释了63.90%和64.70%的方差变异。此外,不同的学者在不同的国家环境下进行了团队创新气氛与创新之间关系的研究(Kim,2000,韩国;Brodbeck和Maier,2001,德国;Ragazzoni,2002,印度;Loo,2003,加拿大;Mathisen、Einarsen和Jorstad,2004,挪威;Pirola-Merlo,2006,澳大利亚)。我国学者凌建勋(2003)、唐一庆(2007)等也进行了团队创新气氛的测量与预测研究。总之,团队创新氛围是有效地预测团队和个体层次上的创新的重要变量。

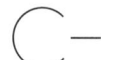

第四节 团队互动过程的相关研究

一、团队有效性框架模型

Marks、Mathieu和Zaccaro(2001)认为团队互动过程是指团队成员在为了将团队的投入更好地转化为产出而互相依赖和协调完成任务的过程中,所进行的认知、语言及行为等方面的活动。Cohen和Bailey(1997)认为团队互动过程是指成员之间以及成员和外部之间发生的交互作用。团队互动过程的研究源自McGrath(1964)提出了团队"投入—过程—结果"(input-process-outcome,IPO)模型,图2.4描述了这一过程,投入是指促使或者限制成员互动的前置因素,这些变量包括团队成员的个体特征(例如,能力和个性等)、团队层次变量(例如,任务结构和外部领导的影响)以及组织和情境因素(例如,组织设计特征和环境的复杂性)。McGrath(1964)采用IPO模型理论架构来探讨团队有效性,McGrath指出投入中的不同因素直接影响团队互动过程,再经由团队互动过程影响团队绩效。也就是说,团队互动过程在团队中扮演着中介者的角色,影响了输入和输出之间的转化关系。

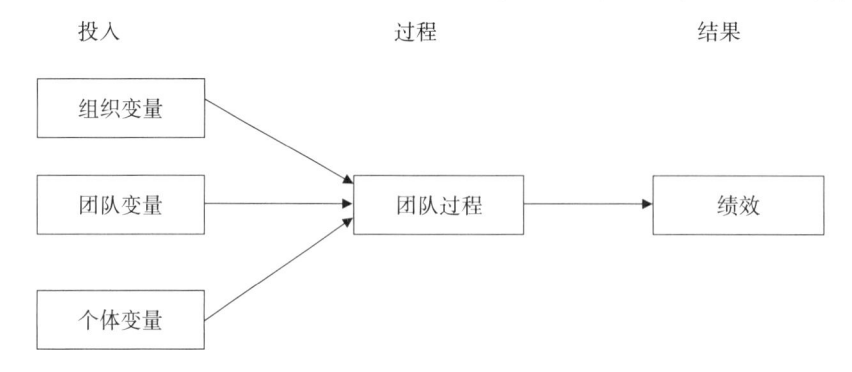

图2.4 团队的投入—过程—结果(IPO)模型

资料来源:McGrath, J.E. Social psychology: A brief introduction[M]. New York: Holt, Rinehart & Winston, 1964.

IPO模型是团队研究中最常被引用的模型(Stewart和Barrick,2000),该模型也在研究中得到了不断的修改和扩展。这些进一步完善后的模型有的是扩展到一个更大的情境中,有的则强调了之前模型所忽略的一些方面。例如,Nieva、Fleishman和Rieck(1978)在研究模型中兼顾了影响团队绩效的外在条件、团队成员特性、团队特质和任务特性等因素。Jewell和Reitz(1981)列举出影响团队绩效的四大类变量,包括团队成员特质、团队特质、环境因素与团队互动过程。Hackman(1983)特别强调组织情境与环境资源对于团队有效性的影响,而组织中完善的奖励、教育及信息系统是促使团队完成任务的必要条件。Gladstein(1984)的投入因素研究包括了团队组成、团队结构、资源的可获得性及组织结构,团队任务特质在投入—产出转化过程中起着调节作用。

Marks、Mathieu 和 Zaccaro(2001)在其团队模型中指出,团队互动过程包括成员的行动,而其他的中间机制则可以被看作认知的、动机的或者情感的状态。后来的学者指出 IPO 模型未能区分不同类型的过程。Ilgen 等人(2005)指出由团队投入转变为团队结果的许多中间变量并不是过程性的,并提出了"投入—中介—结果"模型(input-mediator-outcome, IMO)以区别于以往的 IPO 模型,见图 2.5。Cohen 和 Bailey(1997)也对团队心理特征和内部过程进行了区分。本书采用 Marks、Mathieu 和 Zaccaro(2001)关于团队互动过程的定义,将团队互动过程界定为"团队成员在互相依赖和协调完成任务的过程中,所进行的认知、语言以及行为等方面的活动"。

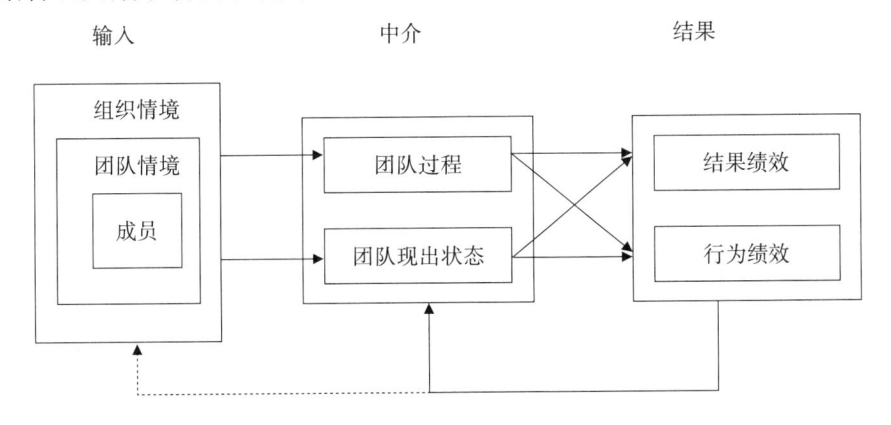

图 2.5 团队的投入—中介—结果(IMO)模型

资料来源:引自 Mathieu, et al. Team effectiveness 1997-2007: A review of recent advancements and a glimpse into the future[J]. *Journal of Management*, 2008, 34(3):410-476. 以及本书整理。

二、团队互动过程构成因素

学者在探讨团队有效性时普遍采取了投入—过程—产出的模式,但是他们在团队互动过程的组成因素上各有不同的看法。如 Bales(1950)研究的团队互动过程包括社会情感行为(social emotional behaviors)与任务行为(task behaviors)。Jewell 和 Reitz(1981)提出沟通、决策制订、影响力、合作与竞争是团队互动过程的主要因素。Hackman(1983)则认为团队成员投注的心力、具备的知识与技能及适当的绩效策略才是团队互动过程需要关注的重点。Gladstein(1984)研究指出团队任务行为的目的在于确保团队工作的完成,包括讨论问题的策略、个人投入、界限管理等。团队社会情感行为的目的在于建立、增强及调节团队的生活,包括沟通、互相支持、冲突管理。而 Salas 等人(1992)明确指出沟通、协调及团队合作是影响团队互动过程的关键因素。

Van Offenbeek 和 Koopman(1996)也提出了促使团队互动过程的四个方面:信息交换、学习、激励以及协商。信息交换是指累计投入的团队运作所必需的个人信息、知识和经验等。信息交换扩展了团队成员可获得的知识与经验资源,并且形成对潜在解决途径有用的合理评价。信息交换有利于信息占有各方能够更加完整而准确地了解对方的需要,提出的干预措施和方案更符合团队的特征并形成更切合实际的期待。学习因素被定义为团队成员为了团队层次的改变,公开地对团队的目标、战略以及流程进行反省的程度。激励关注的是认知过程,团队成员借此形成对创新目标的承诺,而协商是团队互动的政治维度,团队成员在设法表达自身观点以取得相互影响的时候,协商行为尤为明显。

团队互动过程曾被学者称为团队任务(例如,Stout、Cannon-Bowers 和 Sala 等,1999)。这些概念包括个体为了完成团队任务所执行的功能或者成员之间的互动(McIntyre 和 Salas,1995)。在这些概念的基础上,Marks、Mathieu 和 Zaccaro(2001)将团队互动过程分成了三个过程:过渡过程、行动过程和人际过程。在过渡过程中,团队成员主要关注使命分析、计划、明确目标以及制订战略等活动;在行动过程中,团队成员主要强调任务的实现、进度与系统的监控、成员之间的协调、监督与支持等;而在人际过程主要包括冲突管理、激励以及信任的建立等。

刘雪峰和张志学(2005)通过情景模拟的方法发现影响团队工作有效性的因素包括团队成员是否很快就团队目标达成共识、团队是否进行明确分工、团队成员是否进行信息和观点的充分交流、团队成员是否彼此信任、团队中是否有人充当协调人、团队成员是否努力一致等。研究结果显示团队互动过程包括结构和人际两个维度,并且绩效优良的团队在这两个方面都比绩效差的团队表现更好,该结论与 McGrath(1964)以及 Marks、Mathieu 和 Zaccaro(2001)等人所确定的构念结构相似。

本书采用刘雪峰和张志学(2005)关于团队互动过程构成要素的研究成果,原因有二:首先是因为以往团队互动过程的研究主要针对的是团队成员在任务十分明确的情境中表现出的态度或行为,而刘雪峰和张志学(2005)的研究针对的是团队任务并不十分明确,需要成员通过交流和讨论自行明确任务的情境。因此,其研究量表可能更接近本书调研对象——研发人员的实际任务环境。其次是由于本书不计划探索非常具体的互动特征,他们的研究成果也是基于中国样本数据而开发的测量量表。

三、团队互动过程的影响研究

不同学者基于针对团队互动过程不同的定义,对其影响后果的研究也不尽相同(表2.7)。Jewell 和 Reitz(1981)分析了团队互动过程的沟通、决策制订、影响力、合作与竞争等方面对内在与外在绩效的影响。Hackman(1983)在团队互动过程研究中分析了团队互动过程的关键要素对顾客需求的满足程度、团队成员个体的成长和团队整体的成长等方面的影响作用。Gladstein(1984)的研究表明团队互动过程确实会影响团队运作的成果。Salas 等人(1992)认为团队互动过程对团队效能有着重大的影响,并指出沟通、协调及团队合作是团队互动过程中的关键因素,并且团队训练在其中具有调节作用。DeShon等人(2004)发现团队绩效与战略制订和团队导向的努力正向相关。Nieva等人(1978)将绩效区分为团队绩效和个人工作表现两个层次。团队绩效层面则是团队成员通过互动过程以及相互协调而得到的结果,个人工作表现是指团队成员完成所分派任务的行为。

Marks等人(2001)将团队互动过程分成了三个阶段:过渡过程、行动过程和人际过程,团队互动过程开始于后续行动展开之前的过渡过程,但是过渡过程的研究很少受到学者的重视。Janicik和Bartel(2003)发现计划有助于团队时间管理规范的形成,这些规范反过来与绩效正向相关。Hiller等人(2006)发现领导集体决定(包括计划、组织等活动)与主管评价的绩效正向相关。Mathieu和Schulze(2006)的研究表明动态的计划和绩效积极相关,Mathieu和Rapp(2009)发现绩效计划的质量和展现的团队绩效模式显著相关。

Marks等人划分的行动过程在团队互动过程的研究中比较常见,LePine、Piccolo和Jackson等人(2007)的研究发现团队沟通与团队协调、团队绩效之间有显著的关系。Tesluk和Mathieu(1999)的研究发现团队协调影响问题管理行为。De Dreu和West(2001)的研究发现团队成员参与和少数派的分歧有助于创新。Johnson等人(2006)的研究表明团队报酬系统影响信息分享水平以及决策的形成、速度和准确性,而Porter(2005)则认为支持行为与决策绩效积极相关。

Marks等人划分的人际过程包括冲突、激励、信任以及情感等。De Dreu和Weingart(2003)在元分析研究中发现团队人际冲突和任务冲突对于团队绩效和成员满意度均有强的负向影响。Jehn、Northcraft和Neale(1999)发现人际冲突中介了价值观多样性和团队财务绩效直接的关系。Geister、Konradt和Hertel(2006)发现反馈对虚拟团队中的动机和人际信任对绩效有显著影响。除此之外,Mathieu和Schulze(2006)的研究表明人际过程对绩效有显著的正向影响。Maynard等人(2007)发现人际过程是团队授权气氛和个体层次的满意度之间的中介变量,而Bradley等人(2003)基于元分析发现当团队从事长期任务时人际过程与团队绩效正向相关。

表2.7 团队互动过程研究示例

研究者	团队过程变量	其他变量	结果变量	主要发现
Jehn, Northcraft, Neale(1999)	人际冲突;任务冲突	信息和价值观多样性;互依性和复杂性	团队绩效、满意度、留职意愿、团队承诺	任务冲突中介信息多样性和绩效之间的关系;人际冲突中介价值观多样性和情感结果之间的关系

续表

研究者	团队过程变量	其他变量	结果变量	主要发现
Johnson et al. (2006)	合作	报酬结果;信息分享	决策的准确性和决策速度	团队的报酬体系如果从竞争性转向合作性,将会降低合作与绩效
LePine, Piccolo, Jackson, Mathieu Saul (2007)	过渡过程;行动过程;人际过程	凝聚力和团队效能	团队绩效;成员满意度	所有的三个团队过程与绩效和成员满意度正相关,并与团队凝聚力、团队效能强相关
Mathieu, Gilson, Ruddy (2006)	团队过程	团队授权	团队绩效;顾客满意度	团队过程中介了团队授权和绩效之间关系
Mathieu, Schulze (2006)	过渡和人际过程	团队知识;正式计划的运用	团队绩效	正式计划和人际过程直接与绩效相关

资料来源:Mathieu, et al. Team effectiveness 1997-2007: A review of recent advancements and a glimpse into the future[J]. *Journal of Management*, 2008, 34(3):410-476.

LePine等人(2008)的元分析支持了Marks等人提出的团队过程不同阶段的观点。当前团队过程的许多研究是分散的,并且团队互动过程作为高层变量对个体行为绩效的影响研究更是非常有限。Mathieu和Schulze(2006)在团队授权与团队绩效关系的研究中发现团队授权通过团队互动过程(综合的测量量表)对顾客满意度和客观绩效产生间接的影响,但是对三个团队过程分开进行的研究中,他们发现仅仅过渡过程的互动对于顾客满意度有显著的影响,只有行动过程的互动与数量绩效显著正相关。Maynard、Mathieu和Marsh(2007)的跨层次研究也证明过渡过程和顾客满意度正向相关,行动过程与数量绩效的关系更加明显,该研究也同时发现人际过程对于员工个体层次的满意度有显著的跨层次影响作用。

第五节 跨层次模型中介变量的相关研究

一、自我效能感的相关研究

(一)自我效能感的定义与来源

Bandura(1982)将自我效能感定义为个人对自己完成特定任务所需能力的自信程度。Gist和Mitchell(1992)指出自我效能感是一个人对自己某种特殊工作表现能力的评估。Kinzie和Delcourt(1994)也认为个人的自我效能知觉表现为行为上的自信,即当员工知觉其自我效能提升时将会尽全力付出，并克服工作上所遇到的困难。本研究引用Bandura（1982）的研究定义，将本书的自我效能感界定为个体在完成创新任务的过程中对所需能力的信心。

Bandura（1997）指出自我效能感可分为效能期望和结果期望。效能期望是指个体对于自身能力是否能执行某一行为的期望；结果期望是指个体对于从事某一特定行为会产生特定结果的期望。个体虽然知道采取某项行为会获得预期的结果，但如果对自身是否有能力去采取此项行为没有信心，最终个体也不会采取任何行动，同时发现自我效能感的效能期望相对于结果期望而言对行为的预测力更强，图2.6体现了以上关系。

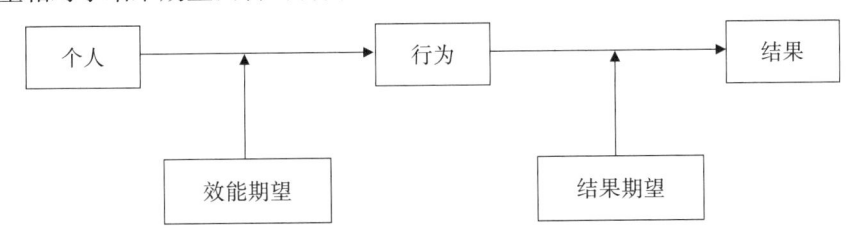

图2.6 效能期望与结果期望的关系

资料来源：A. Bandura.Self-efficacy：The exercise of control. NewYork：W.H. Freeman & Company，1997.

Bandura（1991）认为自我效能感是随情境和任务的变化而变化，也就是说自我效能感与具体任务相对应，自我效能感的研究应采用微观分析的方法，即符合"领域特殊性"原则。创新活动的自我效能感不同于一般自我效能感，一般自我效能感指的是个体在各个领域中整体的能力信念（Tierney和Farmer，2002）。已有学者开展了创新自我效能感方面的研究，Bandura（1997）指出高的自我效能感将是提高创新效率的一个重要条件。Ford（1996）在其个体创新行动模型中将自我效能信念作为一个重要的动机因素。Tierney和Farmer（2002）首次进行了创新活动的自我效能感研究，认为创新的自我效能感是员工进行创新的重要个体特征，并将创新活动的自我效能感定义为个体关于生产创新产品的能力信念。

Bandura（1977）认为自我效能感是通过四种主要方式而逐渐增强和强化。第一种强化自我效能感的方式也是发展自我效能感最有效的方式就是过去成就表现。成功的表现可以强化员工对于自身能力的信心，相反，失败的经验则会使员工对自身的能力产生疑虑。个体倾向根据过去的成功经验来考虑如何完成相关任务。一旦高的自我效能感建立后，即使遭遇挫败时也能归因于情境因素，能克服失败经验而继续努力达到目标。

强化自我效能感的第二种方式是替代经验。通过观察他人在不同情境下所采取的有效应对策略并加以学习模仿而建立观察者对本身能力的信心。虽然观察者没有真实地体验过该任务，却也能改变效能期望，如果个体看到别人成功地做了某件任务，那么他会相信自己也能做得到。替代经验是通过社会化比较过程来影响自我效能的信念,这是因为员工对其能力的判断部分来自与他人相互比较的结果,当观察者看见与自己能力相差不远的人,因为持续努力而获得成功时,会提升观察者对自己能力的信心。然而,当观察者看到与自己在年龄、能力或其他个人特质上相仿的人,尽管已尽了全力仍旧失败时,会因此降低观察者对本身能力的信心,进而降低他愿意努力的程度。

强化自我效能感的第三种方式是语言说服,主要目的是说服员工并让员工相信他有执行任务的能力。合理范围之内说服个体相信自身拥有更高层次的能力将有助于获得成功的表现,也就是通过他人言语上的劝说,人们更容易相信自己能够成功地应付任务要求,由于它并未提供具体的成功经验,因此这种因素产生的效能可能相对于个人成功经验的影响力较弱。假如管理者对员工能力的赞扬不符合实际情况(过高),失败的风险就会变得很大,最终会伤害到他们对自我效能的认知。

强化自我效能感的第四种方式是情绪激发。个体的情绪激发会影响个体的行为表现,在困境中个体容易产生焦虑并降低自我效能与表现水平。员工在评估他们的能力时,有时会以他们的生理状态为判断的依据,特别是对于一些需要坚强意志与毅力的活动而言,他们会将因表现不佳而造成的紧张、压力、疲劳、头痛、身体疼痛等感受看作缺乏能力的信息,因而降低对自我效能的判断。

事实上自我效能感的强化要经过一系列的认知过程,如自我认知、整合与亲身经历等。根据Gist和Mitchell(1992)自我效能感—绩效关系模型以及创新过程前因变量的研究,Tierney和Farmer(2002)分析了创新活动自我效能感的两个情境变量和两个个体特征变量,发现工作自我效能感是创新自我效能感的最有力的预测因素,但是自我效能感团队层次的前因变量研究至今比较匮乏,人类行为的形成与维持要受到人的因素和环境因素间的共同影响(Bandura,1986),团队情境变量由于其在情感以及资源等方面的支持可能会使团队成员体验到更多的信息,进而对自我效能感产生影响,后续研究应该加强此方面的探索。

(二)员工自我效能感和绩效的相关研究

自我效能感的改善是不断自我说服(self persuasion)的复杂过程,自我效能感对行为的影响主要有四个方面(Bandura,1977):首先,是行为选择。个体行为的选择部分程度上由个体的自我效能感决定。如果自我效能感程度较高时,个体则能积极地面对问题,主动地找出解决办法。反之如果自我效能感较低时,个体则产生焦虑、丧失自信,并选择忽视或者不予考虑。其次,是表现方面。高自我效能感的员工在自己面对问题时能够付出努力并全力实现目标;低自我效能感者常常高估困难程度,反而使个体停滞不前。再次,是持续方面。自我效能感程度较高的人对于所选择的活动或行为能持之以恒;相反地,自效能感较低者遇到挫折时就会选择放弃。最后,是适应性方面。Masten、Best 和 Garmezy(1990)将适应性定义为尽管环境中充满挑战与威胁,但个人仍能成功适应的一种过程、能力或结果。适应能力是一种可以让员工勇于面对问题并克服困难的能力,也是一种适应变革的能力。

自我效能感几乎在任何情境下均与绩效有关(Bandura,1997)。高自我效能感的员工会假想一个成功的范本,以此作为达成绩效目标的指导手册;低自我效能感的员工有假想失败范本的倾向,并造成绩效真的低于标准(Wood 和 Bandura,1989)。许多学者的实证研究结果显示自我效能感与各项结果之间存在很强的相关关系,例如,组织工作绩效(例如,Bandura,1989;Koemanm,1994;Laschruger 和 Shamian,1994)、找到好工作(Kanfer 和 Hulin,1985;Rife 和 Kilty,1990)、出勤率的改善(Frayne 和 Latham,1987;Latham 和 Frayne,1989)、任务绩效(Barling 和 Beattie,1983;Lee 和 Gillen,1989;Mathieu、Martineau 和 Tannenbaum,1993)以及学术成就(Multon、Brown 和 Lent,1991;Relich、Debus 和 Walker,1986)等。此外,Major 和 Kozlowski(1997)的研究表明,高自我效能感的员工表现出了更多的信息搜集行为。

Gist 和 Mitchell(1992)的自我效能感—绩效关系模型指出个体自我效能感的高低取决于其对三种自我效能感特定信息的评价。如图2.7所示,第一种为任务需求分析,任务需求分析是个体行动成本的参考依据。第二种是经验归因分析,经验归因分析是指个体对于特定绩效水平发生原因的判断。第三种是个体和情境的资源可获得性及其限制分析。这些评价过程是相对独立的,任务属性或者任务相关经验对于能力信心的影响程度并不相同,通过以上三个评价过程所形成的信心会促进个体自我效能感的形成。

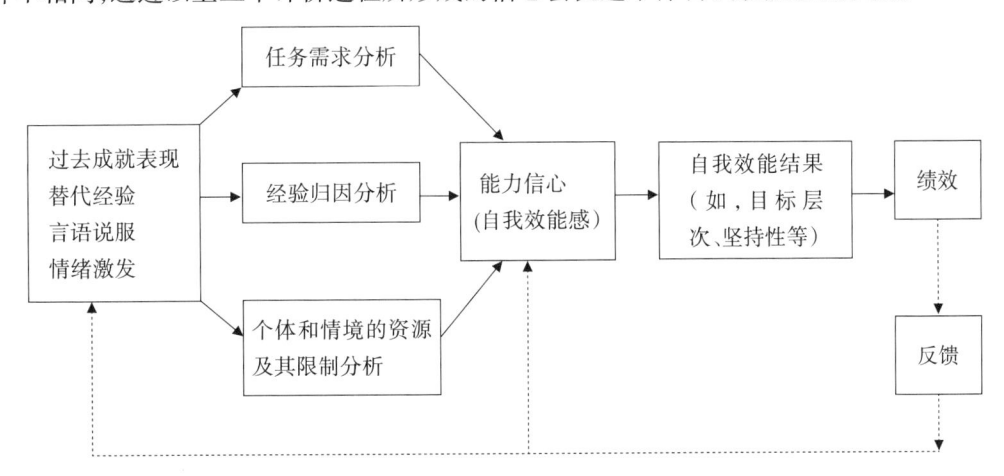

图2.7 自我效能感与绩效之间的关系模型

资料来源:Gist M.E. et al. Self-efficacy: A theoretical analysis of its determinants and malleability[J]. *Academy of Management Review*, 1992, 17(2): 183-211.

Gist和Mitchell(1992)证实了Ford(1996)提出的关于自我效能感影响员工创造性的命题假设,并检验了企业环境下工作自我效能感和创新自我效能感对于绩效的联合效应。Tierney和Farmer认为创新自我效能感是除了工作效能感之外对创新具有正向影响的变量,工作自我效能感调节着创新自我效能感和创新观点之间的关系,即当工作自我效能感较强时它们之间的关系最为显著,当工作自我效能感较低时,创新的自我效能感与创新观点之间没有正向关系。同时,他们指出当创新自我效能感与工作自我效能感都高的时候,员工的创新程度最高。

尽管Amabile(1988)曾认为创新技能是对创新绩效唯一有影响的因素,但是Bandura(1997)发现特定自我效能感的研究对于目标绩效具有相当程度的解释力,这也支持了Tierney和Farmer关于创新自我效能直接影响创新的推论。Tierney和Farmer的研究表明自我效能感很大程度上驱动形成员工的创新绩效,并且创新的自我效能感对创新的影响超过了工作自我效能感。

二、主观规范的相关研究

(一)团队规范与主观规范的定义

团队规范概念可以追溯到20世纪30年代的霍桑研究(Roethlisberger和Dickson,1939),非正式的规范被用来解释部分工人对于过度生产的抵制。团队规范的定义在不同学者的研究中有所差异。Homans(1950)认为团队规范是团队成员们的一种期待,如果不遵守将会导致惩罚。Parsons和Shils(1951)认为规范是对彼此行为的共同期望。Rommetveit(1955)将规范定义为团队成员所持有的关于他们应该如何行为的一系列期望。Georgopoulos(1965)将团队规范定义为个体关于团队所期待行为的知觉以及其他成员对于该行为积极或消极反应的期待程度。Jackson(1966)认为团队中存在的规范描述了一群人关于特定行为支持或者反对的共同倾向。Porter、Lawler和Hackman(1975)将规范界定为与个体的态度、信念以及之前的行为方式相一致的规定行为。

Cohen等人(1996)将团队规范定义为团队成员间通过行为标准的分享以调整成员的行为,是将团队成员高度认同或不认同的特定行为具体化的表现。Langfred(1998)从团队任务的角度将团队规范定义为与工作相关的适当行为。Gladstein(1984)、Hackman(1987)以及Klein和Mulvey(1990)将团队规范定义为团队成员中规范建立的程度,包括所有团队成员对共有行为及成员所应执行特定行为的期望。Goodman等人(1990)将规范定义为群体所认可的期望行为,这种期望形成或者控制成员行为的一致性。他们认为规范如同标准一样规范着群体的行为。而O'Reilly、Chatman和Caldwell(1991)将价值观定义为内化的规范信念,这就表明共享价值观成为社会期望的基础。

基于以上的分析,本研究认为团队规范是团队成员对团队态度而非对员工态度的知觉,并且将主要探讨的范围限定为团队的工作规范,对于社会导向上的规范(如互动模式、冲突模式等)则不予研究。Yanovitzky 和 Rimal(2006)在他的研究中将规范界定为群体的一种属性,规范影响的过程根植于个体和其他团队成员的关系之中。同时,他们认为对规范的心理表达(或者感知的规范)而非规范本身对行为有更多的影响,考虑到规范知觉的重要性,本研究采用理性行动理论中的主观规范的这一研究术语(Fishbein 和 Ajzen,1980),主观规范反映了个体对于实施特定行为所感受的社会期待,并受到重要参照对象期望的影响。因此,针对本书的研究对象,参照 Fishbein 和 Ajzen 的定义特将主观规范界定为个人在采取创新行为时感受到的团队成员期待。

主观规范包括指示性规范(injunctive norm)和描述性规范(descriptive norm)。指示性规范代表传统主观规范的概念,被认为是由于社会赞许性效应的存在而受到限制,因为那些重要的参照对象赞成想要的行为而并不太赞成不受欢迎的行为。描述性规范是指重要的参照对象自己是否执行具体的行为。Rimal 和 Real(2003)发现描述性规范和指示性规范对于酒精消费行为方面的影响是不同的。此外,这两种形式的主观规范在其他的计划行为理论研究中得到了细致的分析(例如,Conner 和 McMillan,1999;Rhodes 和 Courneya,2003)。

(二)团队规范和主观规范的影响研究

Hackman(1992)认为规范对于团队成员来说是非常重要的,因为团队成员被激励去讨论这些规范并实施相应的行为。Goodman 等人(1990)发现任务松散的群体比任务依赖的群体更不容易形成绩效规范,除非在这些群体存在着正式的组织协调机制(如生产的标准或方法)。Mitchell、Rothman 和 Liden(1985)通过给冰激凌盖子贴标签的工作模拟,发现明显的规范信息比那些不够显著或者不相关的规范信息会产生更高的绩效。明显的信息提示包括之前的参与者留在桌子上的工作结果。Klein 和 Mulvey(1995)也认为团队成员的行为在某程度上受到规制的影响,并且规范越强时,不遵从规范所引起的制裁也就越多。情境对于行为的作用可被看作规范对行为的影响。强的情境下规范对成员行为的影响是显著的,只有这样规范才能超越个人的态度因素对行为产生更明显的作用。

Argote(1989)通过医院急救中心的实地研究发现群体之间规范的一致性比群体内部的一致性更能预测组织绩效。对于组织绩效很大程度上依赖群体间互动的组织(如医院)而言,群体间规范一致性是非常重要的影响因素。相反,如果群体间的互动对组织有效性不太重要时,群体间规范一致性与组织绩效没有显著的相关性。Sherif、Harvey、White 等人(1961)通过实验的方法也同样证实了群体之间规范的一致性与群体内部规范一致性之间的关系,在该实验中首先形成强的群体内规范,随着时间的推移,这种规范会导致群体之间更大的冲突即群体之间一致性的降低。

有研究发现群体规范也影响缺勤行为(George,1990;Harrison 和 Shaffer,1994;Johns,1994;Mathieu 和 Kohler,1990)以及迟到行为(Blau,1995)。在控制了"以往的缺勤"变量后,群体缺勤规范解释了大学生缺勤行为的10%的变异(Harrison 和 Shaffer,1994)。同样,在控制了"以往的迟到"以及其他的个人和组织变量(如工作满意度、组织承诺、工作卷入以及工作家庭平衡和疾病)后,群体缺勤规范显著地预测了迟到行为(Blau,1995)。需要指出的是,这些关于缺勤的研究中包含了自我服务偏见的因素,即被调查对象把自己的行为和群体其他成员以及其他群体成员进行比较时产生的偏见(Blau,1995;Harrison 和 Shaffer,1994)。除此之外,这些研究并没有把群体规范操作化为"他们相信应该如何做",而是简单地运用群体行为的平均水平对规范进行操作化。

此外,Fishbein 和 Ajzen(1991)提出的计划行为理论中涉及主观规范的概念,虽然计划行为理论指出主观规范和行为之间的关系要受到行为意愿的中介。但是许多计划行为方面的研究也把规范作为行为的直接预测因素,发现了主观规范对于行为的直接效应(Christian 和 Armitage,2002;Christian、Armitage 和 Abrams,2003;Okun、Karoly 和 Lutz,2002)。例如,Rimal 和 Real(2003)发现描述性主观规范和强制性主观规范对于酒精消费行为方面的影响是不同的。Manning(2009)的元分析研究发现与计划行为理论预期相反,主观规范也会直接影响行为。该研究还对指示性规范和描述性规范与行为之间的关系进行了比较,认为描述性规范与行为之间的关系强于指示性规范,因为描述性规范是以更直接的方式激发人的行为,并且描述性规范对行为的处理过程比指示性规范需要较少的认知努力,描述性规范是启发式的而不是系统性的信息处理过程。

第六节 个体层次模型影响因素的相关研究

一、知觉组织支持的相关研究

(一)知觉组织支持的概念

Levinson(1965)认为员工会通过拟人化(personified)的过程将组织视同为有生命的个体,组织虽然是通过代理人执行组织的政策或决策,但员工并不会单独地将这些政策或决策归因为某个特定成员的行为,而是认为组织就如同人一样具有行为的能力,因此这些政策或决策就是组织本身所表现出的行为。而知觉组织支持概念的形成也是受到组织拟人化过程的影响，Eisenberger等人(1986)以社会交换理论(Blau,1964)为基础首先提出知觉组织支持的概念，认为被拟人化的组织是否愿意对员工工作上的付出加以酬赏，并满足其赞赏与尊重的需要，员工会形成一个整体的信念，这种信念称为知觉组织支持。当员工知觉到组织给予支持的时候，无论是实质报酬或是情绪需求的帮助，员工也会同时产生自己对组织的义务，愿意回报组织对员工的承诺。这样的回报心理也是一种交换意识，它是存在于员工心中的信念。

员工知觉到组织支持之后会产生心理上的变化，愿意对组织付出并提高工作绩效和参与以达成组织赋予的目标，Eisenberger等人(1986)提出员工会通过努力—结果预期(effort-outcome expectancy)和情感依附(affective attachment)两种途径来增进其工作绩效；当员工认为自己努力帮助组织达成目标的同时，预期组织会给予相同的回报，而此种预期的满足会让员工认为组织重视他们的贡献使其产生回报心理。而情感依附则是指当员工知觉到组织支持时会产生对组织正面的情感依附，愿意为组织付出。通过知觉组织支持可以帮助个人实现社会情绪需求，Hill(1987)认为知觉组织支持影响人类行为的主要原因在于人都有寻求与他人进行社会接触的需求，包括：受赞赏及认同的需求、接受情感及认知鼓励的需求以及当经历挫折时寻求安慰及同情的需求。

因此如果要满足员工的自尊需求，组织必须通过知觉组织支持使员工觉得组织认为自己是优秀的绩效表现者，并对员工的成就感到骄傲；如果要满足员工的情感需求，则组织必须通过知觉组织支持传递对员工的承诺以及愿意接受员工为成员的信息；此外，组织必须利用知觉组织支持强化员工的预期，使员工相信当自己不论在工作或生活上遭逢压力时，组织都能同情并提供实质的帮助以解决员工的困境，即满足员工的情绪支持需求。总括而言，知觉组织支持有很大的内在酬赏作用(Armeil、Eisenberger和Fasolo等,1998)，知觉组织支持特别容易满足具有高自尊需求、高情感需求、高情绪支持需求的员工。

本书根据Eisenberger等人(1986)的定义，也将知觉组织支持界定为"企业研发人员对于组织如何看待他们的利益与贡献，以及满足其物质和情感需求所形成的信念"。

(二)知觉组织支持的作用效应研究

综合以往的研究结论发现知觉组织支持与许多工作结果变量显著相关，Rhoades和Eisenberger(2002)在其评论性文献中将知觉组织支持的影响后果归纳为工作满意度、正向情绪、组织承诺、工作绩效及员工退缩行为(如离职)等因素。

许多研究表明知觉组织支持与组织承诺之间呈正向关系(Shore和Tetrick,1991；Wayne、Shore和Liden,1997)。员工知觉到的组织支持程度越高，其产生的组织承诺更高。知觉组织支持会基于互惠规范形成对组织利益的义务感(Eisenberger、Armeli、Rexwinke

等,2001),而这种个人和组织相互关心的义务感(Foa和Foa,1980)会提升员工对人格化组织的情感承诺。知觉组织支持也会通过满足员工的归属和情感支持需求来增加其情感承诺。这些需求的满足会使得员工对组织产生强烈的归属感,包括把成员资格和角色地位纳入他们的社会认同之中。Settoon、Bennett和Liden(1996)的研究也表明知觉组织支持与组织承诺正向相关。此外,其他研究发现知觉组织支持与员工缺勤率和离职意愿均为负向关系(Guzzo,Noonan和Elron,1994;Wayne,Shore和Liden,1997)。因为员工知觉到较高的组织支持时会对组织产生较高的情感,愿意为组织奉献忠诚,因此降低了员工的离职意愿。

知觉组织支持被认为会影响员工对工作的整体情感反应。工作满意度是指员工对其工作的整体满意程度,而知觉组织支持是通过满足员工的社会情绪需求、提高绩效—报酬预期以及所需支持的可获得性来提高员工的整体满意度。比如,知觉组织支持对社会情绪需求的满足有助于工作满意度和努力—酬赏期望的提升(Witt,1992)。知觉组织支持也会有助于员工体验到能力感和价值感,而这种体验有助于提高员工的积极情绪(George和Brief,1992)。积极情绪不同于工作满意度,因为情绪是指普遍性的情感状态而不是针对特定的对象,情绪作为情感的一部分要受到环境的影响。Eisenberger等人(1999)认为感知的能力和工作兴趣相关,知觉组织支持会提高员工对其工作的兴趣。

Moorman、Blakely和Niehoff(1998)的研究指出知觉组织支持与组织公民行为的人际帮助、勤奋、忠诚倡导等维度具有正向关系。Bettencourt、Meuter和Gwinner(2001)则发现知觉组织支持与忠诚、服务传递有着显著的正向关系。Eisenberger、Fasolo和Davis-La-Mastro(1990)的研究也指出当员工感知到组织重视他们的付出和关心他们的福利时,员工会产生信任组织、回报组织的心理,进而展现出自发性的行为并主动提出建设性的建议,知觉的组织支持程度越高越会提出建设性的意见,这种主动的建议行为一直也是个人表现出创新行为的重要方面。Shore和Wayne(1993)认为知觉组织支持比情感性承诺对员工组织公民行为更有预测力。此外,知觉组织支持还与同事间的帮助行为有关。Guzzo、Noonan和Elron(1994)指出派外人员的知觉组织支持主要源于组织提供大量资源和福利,派外人员感受到组织的诚意后有利于他们努力执行海外任务。此外,Armeli等人(1998)以社会情绪需求为中介变量研究了警察的知觉组织支持与工作表现之间的正向关系。

二、职业承诺的相关研究

(一)职业承诺的内涵及研究意义

承诺的研究始于1960年Becker在《美国社会学期刊》(*American Journal of Sociology*)

上发表的《承诺概念的注释》(*Notes on the concept of commitment*)一文,说明承诺是一种形成人类持续行为的动力机制,并认为承诺作为行为持续的动力产生于个人的附属利益。后来 Buchanan 于 1974 年在《建立组织承诺》一文中提出承诺是个人对某实体的一种情感意向,包括认同、投入和忠诚等。Morrow(1983)对承诺概念进行了深入的探讨,在综合有关文献后将承诺归纳为六种形式:组织承诺、职业承诺(或专业承诺)、工作价值观承诺(或工作伦理承诺)、工作承诺、工会承诺以及综合承诺等。职业承诺(occupational commitment)是将承诺对象的进一步具体化。

因为研究的不同,职业承诺的用语在使用上相当混淆。尽管这些用词上有些不同(如,occupational commitment、professional commitment 或 career commitment),但其内涵是相近的,只是研究对象略有差异。Lee,Carswell 和 Allen(2000)也指出职业承诺(occupational commitment)、专业承诺(professional commitment)、生涯承诺(career commitment)其实是相同的概念,并且建议使用职业承诺的术语而非专业承诺,因为职业承诺在使用上较普遍,并且专业人员与非专业人员都有职业上的承诺。鉴于关于上述概念的相互替代观点,本研究也采用职业承诺的概念并使用 occupational commitment 为英文翻译。

Blau(1985)将职业承诺定义为个人对其所属职业的态度,构成职业的核心价值。Meyer,Allen 和 Smith(1993)认为职业承诺是对工作的一种特别现象,并将职业承诺划分为情感、规范与持续上的承诺三个维度;Mowday、Porter 和 Streets(1982)认为职业承诺是指个人对某特定职业认同与投入的程度。Morrow 和 Wirth(1989)认为职业承诺是组织承诺的延伸,是个人对其职业反映出的认同感与投入的正面态度。Aranya、Pollock 和 Amernic(1981)则将职业承诺定义为个人认同和投入其所属职业的相对强度,认为职业承诺包含了三个维度:坚定的信仰与接受所从事职业的目标与价值、愿意为所从事的职业付出更多的努力、渴望继续维持职业领域的一分子。Lee,Carswell 和 Allen(2000)认为职业承诺是指个人对其职业的情感依附、认同与态度。

综合上述,本研究发现大多数学者对职业承诺的定义包含认同、投入与忠诚等心理因素,因此,本书采用 Aranya、Pollock 和 Amernic(1981)所提出的职业承诺概念,将职业承诺界定为个人对职业产生的正面态度,包含职业认同、职业投入以及愿意继续在这一职业工作的心理倾向。

(二)职业承诺的影响因素研究

近年来由于工作场所的组织重构、工作不安感的增加与临时工的增加等,职业承诺在研究上的地位已日渐重要(Cappelli 等,1997;Hall 和 Moss,1998;Nollen 和 Axel,1996)。许多学者(如,Handy,1994;Johnson,1996;Meyer 和 Allen,1997)都认为员工承诺的研究需要从组织移转到个人的职业。

Aryee和Tan(1992)提出了职业承诺前因后果模型,包含职业承诺的影响因素及影响结果。如图2.8所示,职业承诺的直接影响因素包括家庭支持活动、组织内发展机会、工作角色重要性、职业满意度及组织承诺等。其中工作挑战和组织支持影响组织内发展机会,而配偶支持和家务因应机制影响家庭支持活动,间接影响因素包括职业满意度和组织承诺等。由职业承诺前因后果模型可知,工作角色重要性、家庭支持活动、组织内发展机会、职业满意度及组织承诺均为职业承诺的影响因素。

大多数职业承诺影响因素的研究主要是从个体因素和组织情境两个方面(Blau,1985)进行分析。个体因素强调个人的差异,这些因素有年龄、性别、婚姻状况、小孩数目等个人背景变量(Blau,1985;Morrow,1983),生活中工作的重要性(Morrow,1983),内外控制性,个体成长倾向和组织社交变量(Blau,1985)等。Conley(1989)等人以中学教师为对象进行研究,发现教师知觉角色模糊(role ambiguity)的压力可有效预测职业承诺。Cross和Billingsley(1994)的研究认为工作满意度与职业承诺呈正相关,工作满意度是影响特殊教育工作者职业承诺的重要变量。Smart和Peterson(1997)证实较老的医疗技术人员有较高的职业承诺,Kaldenberg、Becker和Zvonkovic(1995)的研究指出年龄在45岁以下的牙科医生其工作满意度与情感的职业承诺正相关。

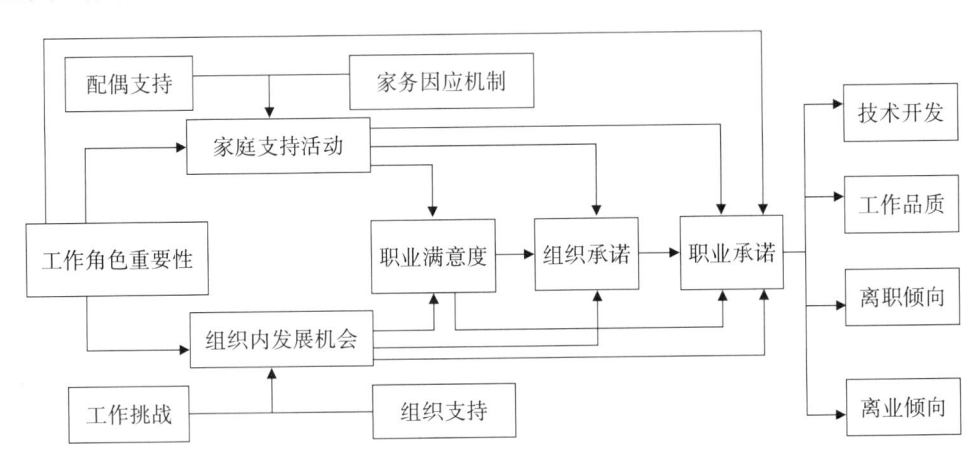

图2.8 Aryee与Tan的职业承诺前因后果模型

资料来源:Aryee, S., Tan, K. Antecedents and outcomes of career commitment[J]. *Journal of Vocational Behavior*, 1992, 40: 288-305.

组织因素也是预测职业承诺的重要方面,这些因素包括组织的模糊度、监督者的关怀和控制(London,1983)。此外,Greenhaus和Callanan(1994)认为工作权利的缩小、变革以及临时工工作性质等组织情境变量对职业承诺有负面影响。Aranya、Pollock和Amernic(1981)认为组织承诺、职业与组织冲突、酬赏的满足为影响职业承诺的三个主要因素,其中组织承诺对职业承诺最具有预测性,职业与组织冲突对职业承诺具有最强的负向影响,酬赏的满足则对职业承诺具有正面的效果。Becky和O'Donnell(1998)验证了同情变量对护士压力与职业承诺关系的影响,Koesten(2005)的研究结论认为金融从业人员的压力与职业承诺呈负向关系。Wallance(1995)发现组织特征因素对组织承诺有较高的解释力,而对职业承诺的影响程度则较低;工作动机对组织承诺并无解释力,但对职业承诺有显著的解释力。

(三)职业承诺影响后果的相关研究

Bedian、Kemery和Pizzolatto(1991)认为高职业承诺的员工在组织内职业成长机会较低时会离开组织。我国学者翁清雄和席酉民(2010)的研究发现职业承诺调节着职业成长与离职倾向的关系,即职业承诺越高的员工,他们对自身的职业能力发展、晋升速度越加关注,更可能会因为职业能力发展受限和晋升速度缓慢而产生高的离职倾向。此外,Lawrence(1978)研究大学教授的职业承诺、组织忠诚与研究成果表现之间的关系,发现职业承诺与组织忠诚没有显著的关系,而职业承诺对研究成果表现有显著的正相关,组织忠诚对研究成果表现没有显著的相关。

Aryee和Tan(1992)提出的职业承诺前因后果模型也指出职业承诺的结果变量则包括技术开发、工作品质、离职倾向和离业倾向等。Blau和Lunz(1998)研究了职业承诺对于改变职业意图的影响,研究结果显示职业承诺对改变职业意图变量有显著影响;Chang(1999)研究了职业承诺在组织承诺与离职意愿之间的调节效应,认为高职业承诺的员工相对于低职业承诺的员工而言,对他所在组织的期望和要求更高。Turner和Chelladurai(2005)的研究发现职业承诺解释了23%的离职意愿方差变异。

一些学者试图研究职业承诺与组织承诺的冲突所带来的组织结果。Harrel、Chewing和Taylor(1986)的研究认为组织承诺与职业承诺的冲突与工作满意度显著负相关,而与离职意愿之间则无显著关系。Baugh和Roberts(1994)对组织承诺与职业承诺间的关系的研究发现,当科技专业人员是属于高度职业承诺的工作者时,其本身的组织承诺越高,将会促使两种承诺之间产生共容性,进而提升员工的工作满意度与工作绩效;当科技专业人员的组织承诺越低时,越会导致两者之间产生冲突性,并同时降低员工的满意度与工作绩效。

职业承诺会影响个体职业上的自我开发与决策参与。职业承诺程度较高的员工会花费更多的时间发展工作技能以及职业上的技能开发(Aryee和Tan,1992;Blau,1989)。Morrow和Wirth(1989)的研究显示情感性职业承诺与专业角色行为(如阅读专业期刊及保有专业学会会员资格)正相关。Somech和Bogler(2002)在其研究中检验了教师的组织承诺、职业承诺、决策参与(participation in decision making)和组织公民行为之间的关系,研究发现管理领域的参与与组织承诺和职业承诺都呈正相关关系,但是技术领域的参与仅仅和教师的职业承诺正相关。

第三章 理论拓展及模型构建

本章在文献回顾的基础上,根据相关理论的分析指出以往研究所取得的进展与局限,并归纳出本研究拟解决的理论问题,在此基础上推导发展出本书的个体层次模型和跨层次研究模型并提出假设,以明确本书各个研究变量之间的影响关系。

第一节 以往研究取得的进展与局限

一、以往研究取得的进展

(一)对个人创新行为的定义及其测量进行研究

Kanter(1988)提出了创新的过程观点,这是比创意更加广泛的概念,创意仅仅包含了新想法的产生,而创新过程观点则包含了新观点的产生、吸收、实施等。不论是创新行为的"两阶段论"(Unsworth,1999;Unsworth 和 West,1998)或者"三阶段论"(Krause,2004)还是"多阶段论"(Kleysen 和 Street,2001),都认为创新是一个行为过程,在个人创新行为的测量方面,许多学者在综合 Kanter(1988)将创新作为过程的观点基础上,开发了个人创新行为量表。大多数学者开发了单维度结构量表,尽管 Janssen(2000)、Kleysen 和 Street(2001)起初曾打算开发真正的多维度创新行为量表,但考虑到各维度之间比较高的相关性,这些学者最终还是将起初设想的多个维度合并成一个单维结构量表。其他学者(Krause,2004;Dorenbosch,van Engen 和 Verhagen,2005)在开发真正的多维度个人创新行为量表方面也进行了研究。

通过以上分析发现尽管在个人创新行为的定义、结构模型和构念测量方面存在差异,但是这些差异和分歧形成了创新行为研究方面新的课题,比如不同概念之间的彼此借鉴和交融,Mumford(2003)在他关于创意的综述研究中,曾呼吁对所谓的"后周期"技能即创意观点实施的关注。他强调观点的表达、形成以及实施代表了创意研究的另外重要组成部分,并且认为观点实施过程的研究是创意研究的新议题。同样,Basadur(2004)把"方案实施"包含到其创意过程模型之中。在构念测量方面,一些学者则重新思考已有测量工具的不足,如Jong和Hartog(2008)认为部分量表的开发并没有使用独立的样本来源,部分量表不同维度的收敛和区分效度资料并没有在相应的量表开发文献中进行披露,所有这些质疑和讨论都为深刻理解并研究组织中的个人创新行为奠定良好的基础。

(二)从不同的层次和视角对组织的创新议题进行研究

组织创新对于组织竞争力的重要性为多数学者所认同,组织的创新议题在管理学科中是以不同的层次(王凤斌,甄珍,2009)和不同的视角(蔡启通,1997)进行研究。Burgess(1989)以结果导向或者产品视角定义组织创新并认为组织创新是指组织生产或设计新的产品(Blau和McKinley,1979)。Amabile(1988)则从过程视角认为组织创新包含设定议题、拟订进展阶段、创意产生、创意测试与实施以及结果评估等五个阶段。Kanter(1988)也认为组织创新是新构想的产生、接受与执行。有些学者结合上述两种视角,如Tushman和Nadler(1986)认为组织创新是相对旧产品和旧程序而言任何新的产品或新程序的创造。Lumpkin和Dess(1996)认为组织创新反映了企业对于新观点或新构想的运用和支持,其结果将产生新的产品、服务或技术。组织创新的研究主要集中在社会学、经济学、工程学以及组织理论等领域。

就研究层次而言,团队或群体层次上的创新通常涉及一系列程序的改变,而较少来自单一个体的活动。因此如果要有效执行创新,团队协调与合作是必要的(West,Tjosvold和Smith,2003),学者们也倾向通过"投入—过程—结果"(input-process-output,IPO)架构来研究团队或群体层次上的创新。然而,虽然组织或团队中成员的互动过程有助于创新,但创新的过程还是来自成员自己(Mumford和Gustafson,1988)。个人创新方面的研究主要是从个性特征、产出以及行为视角进行。例如,Hurt、Joseph和Cook(1977)认为创新是一种普遍的意愿改变,即一种人格特质。West(1987)的将个人创新定义为个体相对于前任在其工作中产生变化的数量,Axtell等人(2000)的研究采用了与West相似的观点。而其他一些学者(如Scott和Bruce,1994)认为个人创新是一组自由决定的行为。因此,这些不同层次和视角的创新研究成果将有助于丰富本研究对个人创新行为的认识,有助于把个人创新行为投入更大的情境和过程中进行分析。

(三)对个人创新行为的跨层次影响因素进行了初步探索

Scott 和 Bruce(1994)在其个人创新行为决定因素模型中虽然提出了领导、团队以及个体特征变量对个人创新行为的影响,但其研究仍然是在个体层次上展开的。已有的研究表明个人创新行为需要同时审视个体和团队层次的因素,比如,创新过程包含了成员对于创新环境的知觉以及成员之间的互动。此后,一些学者对个体创造性进行了跨层次研究,例如,Taggar(2002)运用跨层次研究分析了个体创造性,并认为团队创意相关过程包括鼓舞型激励、组织与协调以及个性化关怀等。Hirst 等人(2009)也探讨了个体学习导向和团队学习行为对于创意的影响作用。Jin Nam Choi(2007)认为工作团队的组成是影响个人创新行为的重要变量,在他的研究中分析了个体层次的差异性(关系性人口学特征)和团队层次的异质性对个人创新行为的影响,发现性别、层级地位以及该方面的团队异质性对个人创新行为具有负向影响。相反,年龄和该方面的团队异质性对个人创新行为具有正向影响。

陈淑玲(2006)对个人创新行为也进行了跨层次分析,在个体层次方面检验了平衡型心理契约实践对创新行为的影响,并在团队层次方面探讨了知识导向人力资源管理系统与创新气氛对创新行为的影响。苏名科(2006)的跨层次分析结果表明,团队学习目标导向将对成员创新行为产生显著正向影响,而团队趋避目标导向对成员创新行为产生负向影响作用。顾琴轩(2009)在人力资本与社会资本对创新行为的影响方面进行了跨层次实证研究。张文勤等人(2008)从个人与团队两个层次分析了目标取向对创新行为与创新绩效的影响,并将团队创新气氛因素纳入影响过程之中。这些跨层次研究为本书选题的适切性提供了可借鉴的基础,也为后续研究提供了研究方法上的启示。

二、以往研究存在的局限

(一)过多关注个体创意而非过程视角的个人创新行为

大量的早期文献主要集中在创意的研究上(例如,Martindale,1989)。越来越多的文献虽然开始研究工作创新(例如,King 和 Anderson,1995;West 和 Farr,1990),但是很少去关注员工的创新行为,因为新观点的表达和实施都属于员工创新的构成部分(Amabile,1988;Oldham 和 Cummings,1996;Unsworth,1999)。现有的大量文献只关注创新的某一方面,要么是观点的表达(Amabile 和 Gryskiewicz,1989;Oldham 和 Cummings,1996),要么是观点的实施过程(Bunce 和 West,1994;Damanpour,1991),而对多阶段的创新行为的关注依然显得不够,作者通过对 EBSCO、Emerald 以及 Elsevier 等数据库的检索,发现创意的研究论文数量比个人创新行为的研究论文数量多出很多,在国内学者中,直到2006年薛靖才开始进行个人创新行为方面的实证研究。

(二)个人创新行为个体层次的影响因素有待进一步研究

现有文献在个人创新行为个体层次的影响因素方面进行了比较多的探索,包括了个人特质、创新相关技能、内在工作特征、内在工作动机、工作胜任力、自我效能感以及角色导向等(Amabile 和 Gryskiewicz,1989;Oldham 和 Cummings,1996;Unsworth 和 West,1998;Farr 和 Ford,1990)。但是由于研发人员的知识型员工特质,组织支持程度的知觉反映了组织对其福祉和贡献的关怀程度,当研发人员知觉到组织给予支持的时候可能会以个人的创新行为的方式进行回报,但是此方面的探索不够,实证研究文献更是有限。此外,尽管学者们发现职业认知及态度与许多行为变量有关,而职业承诺与个人创新行为的关系研究在目前的国内外文献中也少有涉及。因此,尽管现有文献对个人创新行为个体层次影响因素的研究取得了不少的成果与发现,但是并不意味着个体层次影响因素的研究达到饱和。

(三)团队情境变量对个人创新行为影响的研究较为缺乏

目前文献对于个体创新行为有效发挥的团队情境因素研究较少,在个人创新行为的影响因素中,更多的学者关注了心理授权、心理气氛等个体层次上的研究。例如,黄致凯(2004)探讨了组织创新气氛知觉对个人创新行为的影响;Knol 和 van Linge(2009)、刘耀中(2008)、袁庆宏等人(2010)探讨了心理授权对个人创新行为的影响。但是这些研究并没有把个体层次上的变量聚合到团队层次并反映团队特征,团队互动过程作为高层变量时对个体行为绩效影响的研究更是非常有限。然而,团队情境变量对个体态度和其他行为的影响作用逐步受到学者们关注。比如,Xie 等人(2000)对团队凝聚力与缺勤行为之间的关系进行了跨层次研究。苏名科(2006)对团队目标导向与个人创新行为的关系进行研究。Mathieu 和 Schulze(2006)研究了团队授权通过团队互动过程(一个综合的测量量表)对顾客满意度的影响,Maynard、Mathieu 和 Marsh 等人(2007)的跨层次研究也证明团队互动过程和顾客满意度的正向关系。

(四)对个人创新行为的影响过程缺乏整合研究

尽管创新理论研究发现,个体、团队和组织层次上的不同变量对个人创新行为存在着显著影响,并取得了有价值的结论,但是少有研究对个体创新行为进行系统的分析。团队成员的创新行为不仅仅是由个体因素驱动的,而是成员个体、团队特征与结构以及团队过程交互作用的结果(Agrell 和 Gustafson,1996;Van Offenbeek 和 Koopman,1996;West,1990)。以往的创新行为研究大多局限在单一的分析层次上,单一层次上的大量研究会限制我们对多层次创新过程的理解,事实上创新过程至少应该跨越两个及以上层级(Van de Ven 等,1999;Baer 和 Frese,2003)。因此多层次整合研究对于理解创新行为的影响因素十分必要,通过不同层次的研究可以系统地分析个人创新行为的形成机理,并比较个体层次和团队层次因素对于个人创新行为贡献程度的差异。

三、本研究拟解决的理论问题

首先,本书探讨个人创新行为的个体层次影响因素。由于现有文献对个人创新特质与创新行为之间的关系给予较多的关注,本书主要探讨知觉组织支持以及职业承诺对个人创新行为的影响。这是因为本研究注意到研发人员的知识型员工特质,即他们一方面特别重视组织对其福祉和贡献的关怀程度。员工形成的关于反映组织重视其贡献及关怀其福祉的整体信念对研发人员的行为具有重要影响,当员工知觉到组织给予自身实质报酬或是情绪需求支持的时候,员工也可能会产生对组织的义务感并表现出个人创新行为。另一方面他们具有较高的职业抱负,Lee,Carswell和Allen(2000)也呼吁学界进行职业承诺的广泛研究,因为研发人员的工作认知及其心理状态与创新成果密切相关,在以往探讨企业员工工作行为的模型框架中,多数以员工的组织承诺作为传导机制(Bono和Judge,2003;Dumdum,Lowe和Avolio,2002)。Morrow(1993)曾表示职业承诺是工作承诺中比组织承诺更稳定的预测变量。

其次,本书还会对团队创新气氛以及团队互动过程对个人创新行为的影响进行研究。个人创新行为通常经由人际互动以及认知的分享而产生,不仅仅来自单独的个人洞察(Beller,1999),该行为的形成很大程度上依赖于团队环境和团队过程。团队内部创新气氛的营造和高品质的团队互动过程是团队追求创新行为的重要环境条件。依据West(1990)提出的创新循环四阶段理论(创新机会的识别、创新过程的发起、创新的实施以及创新的巩固),尽管个体创新特质在创新机会的识别阶段非常重要,但团队成员之间的互动能使个体的观点在团队创新的发起、实施和巩固阶段得到检验、处理和执行。因此,团队互动过程对于成员的个人创新行为十分重要。此外,由于个体在团队工作中相互影响以及团队成员之间的任务依赖使得个体之间容易形成共同的理解或者期待的行为模式(West,1995)。因此,本研究也将从团队创新气氛的角度开展个人创新行为研究。

最后,团队成员创新过程实质上包含了团队成员对于创新环境的知觉与动机,因此,本书在以上研究的基础上根据社会认知理论探索个体层次中介变量的跨层次中介效应(Krull和MacKinnon,2001)。具体而言,本书将自我效能感与主观规范共同作为个人因素中的关键要素,研究它们是否中介了团队层次变量团队创新气氛以及团队互动过程对创新行为的影响。团队创新气氛对个人创新行为影响的研究虽然得到了一些学者的重视,但是这些研究仍然集中在直接效果(direct effect of contextual factor)的推理和验证上,而对个人创新行为跨层次影响路径的研究不多,如何通过组织成员转化为创新行为的展现对于管理者而言还属于未知范畴,本研究力图分析并验证自我效能感与主观规范在团队创新气氛、团队互动过程与个人创新行为之间所扮演的重要角色,厘清个人创新行为的形成机理。

第二节　个人创新行为的个体层次影响因素研究

一、知觉组织支持对个人创新行为的直接效应

员工执行创新功能或者超越指定角色的自发性活动是组织有效运作的必要行为(Bateman和Organ,1983)。虽然少有研究直接针对知觉组织支持和个人创新行为的关系进行研究,但是社会交换理论的基本原理认为,当员工感受到组织支持时会基于互惠原则产生一种关心组织福利和帮助组织达成其目标的义务感。当员工认为自己的创新行动帮助组织达到目标时会预期组织给予相同回报,这种预期会让员工认为组织重视他们的贡献并产生回报心理(努力—结果预期),进而影响员工对创新行为表现的追求。

知觉组织支持也会通过满足员工社会情绪需求来提高绩效,知觉组织支持会使员工即使在缺乏个人所期待的直接酬赏或表扬的情况下仍会创新以利于组织。当员工知觉到组织支持时会使其对组织产生正面的情感依附,愿意为组织付出。如果员工认为自己受到组织重视与关怀,将促使员工把组织成员关系及角色地位融入自我认同之中,因而增加对组织有利行为的表现(Etzioni,1961;Levinson,1965;Meyer和Allen,1984;O'Reilly和Chatman,1986)。因而情感依附会使员工将组织的得失视为自己的得失,员工也更容易将组织的价值观及规范内化(Eisenberger、Fasolo和Davis-LaMastro,1990)。此外,知觉组织支持会建立员工对组织的信任感,使员工认为组织会长期公平地回馈和报偿员工的创新行为表现,员工基于这种信念会表现出更多的创新行为。

个人创新行为的形成对于研发人员而言虽然是角色内行为,但仍然是可以自由裁量的,从这个意义上来看组织支持感与组织公民行为之间业已证明的关系可作为间接证据。Wayne等人(2002)的研究表明基于交换理论的知觉组织支持会使员工产生对组织的义务感并影响员工的工作行为表现。Shore和Wayne(1993)认为知觉组织支持与组织公民行为正向相关,知觉组织支持比起情感性承诺和持续性承诺对组织公民行为更有预测力,知觉组织支持可以增加对组织公民行为变异的解释程度,Organ(1990)也认为知觉组织支持比组织承诺对组织公民行为提供更强的解释力。Moorman、Blakely和Niehoff(1998)发现了知觉组织支持与公民行为的个人勤勉和忠诚倡导的正向关系。Wayne等人(1997)也认为当员工觉得组织重视他们时就会对组织产生一种信任的心理进而表现出自发性的行为以回报组织,并且愿意主动提出具体的建议希望有助于组织的成长和成功。

基于以上分析,本研究提出假设1:知觉组织支持对个人创新行为有正向影响作用。

二、知觉组织支持对职业承诺与个人创新行为的中介效应

(一)知觉组织支持对与职业承诺的作用效应

有些研究针对知觉组织支持与组织承诺概念上的相似性进行比较(Shore和Tetrick,1991;Shore和Wayne,1993),也有些研究针对知觉组织支持与组织承诺间的影响关系进行探讨。例如,Eisenberger等人(1986)则认为知觉组织支持是组织承诺的前提。Shore和Tetrick(1991)所做的研究指出情感性承诺、持续性承诺及知觉组织支持为三种不同的测量。鉴于组织承诺和职业承诺都是根据承诺主体而形成的主观认同(Becker,1960),因此本书也认为知觉组织支持和职业承诺是不同的构念。

知觉组织支持是如何影响员工的职业承诺呢？Shore和Tetrick(1991)认为知觉组织支持是对组织的一种描述性信念,会影响员工对工作的整体情感反应。知觉组织支持通过满足员工的社会情绪需求、绩效—报酬预期以及所需支持的可获得性来提高员工的整体满意度和积极情绪。由于情绪是普遍性的情感状态,职业承诺是一种情感取向的态度,因而员工知觉到支持后的情绪体验将有助于个体对职业的认同和投入(George和Brief,1992)。此外,Eisenberger等人(1997)指出知觉组织支持有助于提高员工的工作满意度,现有文献也证明了工作满意度是职业承诺的重要影响变量,Kaldenberg、Becker和Zvonkovic(1995)的研究也指出工作满意度与情感的职业承诺呈正相关。因此,知觉组织支持对职业承诺可能存在着正向影响。

现有文献中,虽然关于知觉组织支持和职业承诺之间关系的文献比较有限,Aryee与Tan(1992)的研究认为组织支持通过影响组织内发展机会而作用于职业承诺。知觉组织支持和职业满意度的关联性也能够间接地说明知觉组织支持和职业承诺的关系,Cable和DeRue(2002)的研究发现知觉组织支持和职业满意度显著相关,Erdogan、Kraimer和Liden(2004)也认为知觉组织支持是职业满意度的重要预测因素,而职业满意度将影响员工的职业承诺,只有对当前职业比较满意的员工才能在工作中表现出更高的热情、喜欢当前的职业并不轻易去转换职业。此外,组织支持感有助于提升员工的职业认同,社会认同理论的一个重要假设就是所有行为都是由自我激励这一基本需要所激发的,当个体感知到所在组织重视和赞赏自身时,员工获得了组织对他们的尊重以及组织地位的认可并进一步提升了员工职业方面的自尊(Chattopadhyay,1999)。基于以上分析,本研究提出假设2:知觉组织支持对职业承诺有正向影响作用。

(二)职业承诺对个人创新行为的作用效应

理论研究表明职业承诺能够预测许多重要的个体和组织变量。例如,职业承诺和技能开发(Aryee和Tan,1992)、工作退出意愿(Aryee和Tan,1992)、职业退出认知(Blau,1985)以及全面绩效(Somers和Birnbaum,1998)等。Colarelli和Bishop(1990)认为职业承

诺对于职业进步和发展来说是重要的,在期望没有得到满足的时候职业承诺作为一个稳定的力量维持行为的方向性。至少有两位作者的研究模型可以很好地解释职业承诺和个人创新行为之间的关系,尽管这两个模型解释的是组织承诺和绩效之间的关系,但是它们隐含的机制也同样适用于职业承诺。Wiener(1982)根据Fishbein和Ajzen(1975)的研究,提出雇员的组织行为来自两个方面的驱动力量。首先是认知的或者工具性的动机,这种动机是基于个体认识到行为之后的结果和雇员对这些结果赋予的价值;其次是承诺的力量。当个体行为需要持续性或者涉及个体的牺牲以及对承诺对象比较投入的时候,个体的组织行为就需要承诺的力量。个人创新行为倾向以不同方式思考问题,面临着可能的创新失败和绩效降低。因此,对职业的承诺和热爱将提供创新行为得以产生的动力源泉。

专门针对职业承诺和个人创新行为之间关系的研究较少,而从行为同样可以自由裁量的角度来看,职业承诺与公民行为之间关系的研究提供了间接证据。职业驱动的雇员被认为展现出更多的组织公民行为,这是因为他们期望产生有价值的职业结果。职业承诺较高的雇员更加可能树立自己的职业目标,并且喜欢、认同并参与到这些目标的实现当中来。这样,他们就会付出更多的精力和努力(例如,主动提出新的观点、与其他成员的讨论等),以及展现出更多的角色外行为来实现具有价值的职业(Mowday, Steers和Porter, 1979)。Meyer, Allen和Smith(1993)的研究结果发现即使包含了组织承诺变量后,职业承诺与员工自我报告的公民行为相关并增加了解释的方差变异。Ellemers等人(1998)发现职业承诺与员工的工作时间密切相关。Aryee等人(1992)的研究表明职业承诺可以有效预测自主性的行为如自我技能开发。Becker(1992)没有专门测量职业承诺,但他的研究结论表明自愿实施的角色外行为不仅仅受到组织承诺的影响。基于以上分析提出假设3:职业承诺对个人创新行为有正向影响作用。结合之前的观点,提出假设4:知觉组织支持通过职业承诺对个人创新行为有正向影响作用。

三、个体层次研究的假设汇总及影响因素模型

本书所有个体层次研究的假设如表3.1所示,基于以上分析提出个体层次研究的理论模型见图3.1。

表3.1 个体层次研究的假设汇总

序号	个体层次的假设
假设1	知觉组织支持对个人创新行为有正向影响作用
假设2	知觉组织支持对职业承诺有正向影响作用
假设3	职业承诺对个人创新行为有正向影响作用
假设4	知觉组织支持通过职业承诺对个人创新行为有正向影响作用

图3.1 本书个体层次研究的理论模型

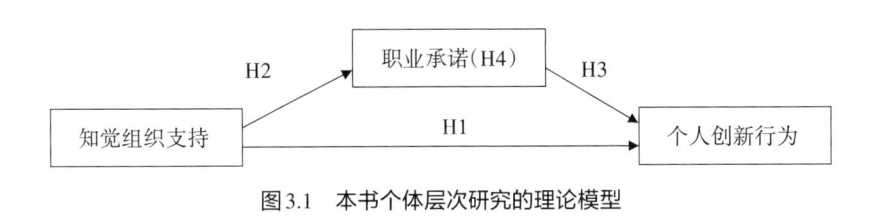

第三节 个人创新行为的跨层次影响因素研究

一、团队创新气氛与个人创新行为的关系研究

（一）团队创新气氛对个人创新行为关系的直接效应研究

许多研究指出团队创新气氛在团队创新中扮演着重要的角色（Anderson 和 West，1996），Knapp(1963)的研究指出支持创新的气氛能够有效地加速创新，另外，Kozlowski 和 Hults(1987)也认为支持创新的气氛是个人创新的重要前置因素。本书将进一步验证 Anderson 和 West(1994)提出的团队创新气氛的四个维度（愿景、参与安全、任务导向以及创新支持）与个人创新行为的关系。

Pearce 和 Ensley(2004)指出创新的效果与共同的愿景有关，共同的愿景在团队创新的过程中扮演着重要的角色。愿景被定义为对目标的清晰化和承诺（West 和 Anderson，1996），团队目标对于成员来说非常清晰时，团队成员更加会对目标做出承诺。明确阐述的目标有助于团队成员引导自身的努力和赋予工作的意义，并激励员工提高他们的创新绩效。Pinto 和 Prescott(1987)的研究发现清楚的使命是促使所有创新阶段都成功的唯一因素。其他的学者也指出如果要促使团队具有创新性，成员需要承诺于团队目标和组织目标并形成工作责任感（例如，Cardinal，2001；Gilson 和 Shalley，2004；Rickards、Chen 和 Moger，2001）。因此，团队目标将提供成员努力的方向和新想法的评估标准，进而促使形成成个人的创新行为。

参与安全包括参与和安全两个部分，决策的参与往往是在没有人际威胁的环境下受到激励和加强（West，1990）。当员工参与决策时能够自由地发言，他们会表现出更高的承诺感并且会在工作中投入更多的努力（West 和 Anderson，1996）。团队成员参与决策的过程将促进团队成员间的互动与信息分享，而观点的分享将有助于产生新的想法和加速创新（Pearce 和 Ravlin，1987；Porac 和 Howard，1990）。Roger(1983)指出员工在没有他人威胁的参与决策过程中较容易提出新的想法。West(1990)也认为在信任和没有威胁感的人际气氛中团队成员由于不需考虑他人的负面评价而更容易提出新的观点。Burke 等人

(2006)认为心理安全有助于计划的形成、实施以及团队的学习。

创新支持是指对创新的试验和努力给予奖赏而不是惩罚(Amabile,1983;Kanter,1983)。有关社会心理学以及组织管理学的研究表明,支持是影响个体行为的重要因素(Hackman,1992)。支持性的工作环境中通常会形成创新规范并更加容忍创新带来的失败,团队成员更愿意承担风险而实施新的构想(King、Anderson和West,1991;Sethi、Smith和Park,2001)。因此,如果团队重视和鼓励新观点的产生,管理者、上级或者同事提供足够的支持并对其公开地认可和奖励,创新行为则更容易在这样的团队环境中形成(Madjar、Oldham和Pratt,2002;Scott和Bruce,1994;Shin和Zhou,2003)。许多学者(例如,Keller、Julian和Kedia,1996;Tiwana和McLean,2005)也认为支持和合作的工作气氛通过促使成员之间的协作与帮助而有助于创新。

任务导向的团队会努力实现可达到的最高绩效标准,任务导向表现为相互的监督和反馈以及定期的绩效评价。任务导向会通过高的绩效标准进行评估或重新思考团队的绩效、目标、程序以及策略(Anderson和West,1998),进而在团队中产生良性的冲突,因此任务导向将有助于改善决策的质量以达到创新(Tjosvold,1991)。任务导向有助于对相反观点进行探索和对各种可能的方案进行思考,从而提高决策和观点的质量(Somech,2006;Wong、Tjosvold和Su,2007)。Shalley(2002)指出任务导向相当于内部动机,而内部动机是个体层次上进行创新的前提条件(Amabile,1996;Patterson,2002;Shalley和Perry-Smith,2001)。此外,任务导向的团队鼓励高品质的创新,因为新想法会被谨慎地检验(Anderson和West,1994)。

基于以上分析提出本书的假设5:团队创新气氛对个人创新行为存在正向影响作用。

(二)团队创新气氛与自我效能感的关系

本书依据社会认知理论,认为团队创新气氛作为重要的情境变量可能影响到成员的自我效能感并进而作用于研发创新行为。Bandura(1986)提出自我效能感的四个主要信息来源,包括实际成功表现、替代经验、口头说服、身心状态等,而这些信息来源大多与团队管理实务有关,团队层次上的创新气氛是与创新管理实务有关的共享知觉,团队创新气氛的知觉会影响自我效能感。

本书以West(1990)的团队创新气氛四维度结构为基础来推论创新气氛对自我效能感的影响。就愿景维度而言,尽管自我效能感影响员工为自己设定的目标(个人目标),但在组织环境下,人们必须要处理那些已经设定的目标(pre-assigned goals),这些目标与工作场所的生产性活动密切相关,设定的目标提供了活动的方向性和目的性,激发了个体的行动和努力水平,由此作为自我效能感的形成依据。Locke(1991)在其动机理论框架中也提出了目标是通过影响行动的强度、持久性以及方向来影响行动。Schunk(1985)发现学生自我设立的目标增强了自我效能感。因此,设定的目标对于自我效能感有着重要的影响。

就参与安全维度而言,根据Gist和Mitchell(1992)的模型阐述,自我效能感的形成依赖于任务需求信息和经验归因分析。任务需求信息是个体行动成本的参考依据,参与安全感会使员工认识到自己的行动成本不高,会更加有信心完成任务。经验归因分析是个体对于特定绩效水平发生原因的判断,团队成员在参与企业创新实践的过程中,成员的许多效能期望来源于对他人的观察并形成替代经验,因而参与过程也有利于自我效能感的形成。总之,团队成员在参与和安全氛围中有利于形成对自我能力的积极判断(Webster和Martocchio,1992;Compeau和Higgins,1995)。

在团队内部,任务导向因素描述了对优秀任务绩效的承诺,由此形成了对既有政策、程序以及方法不断改进的气氛(Anderson和West,1994)。在任务导向的团队中,团队内的建设性建议或者建设性争辩(Tjosvold,1982)扩展了团队成员可获得的知识与经验资源,并且形成对潜在解决途径有用性的合理评价(Jackson,1996;Nemeth和Owens,1996),团队成员因此提高了任务完成的精熟度和能力感,强化了对自身完成任务的信心;同时任务导向有助于成员在团队内感受到被认同和接受,所产生的归属感及成员间的相互鼓励将影响任务完成的自我效能感。

创新支持对自我效能感的影响主要通过两种途径来实现。首先,创新支持有助于员工获得成功的经验,并强化成员的成就感和改善个人工作绩效(Rhoades和Eisenberger,2002),成功的表现将强化员工对于自身能力的信心。其次,创新支持有助于成员在面临高工作要求时获得物质或者情感的支持,从而降低员工因压力而产生的消极心理及身体反应(George等,1993)。Compeau和Higgins(1995)通过调查研究发现组织支持对个人的计算机自我效能感有显著影响,Tierney和Farmer(2002)的研究也表明上级支持是创新自我效能感的前因变量。

因此,基于以上分析,本研究提出假设6:团队创新气氛对自我效能感存在正向影响作用。

(三)自我效能感对个人创新行为的作用效应

自我效能感的发展对于创新而言非常重要(Hellervik、Hazucha和Schneider 1992),个人通过内省与调节的心理过程形成内在动力并引发行为,Bandura(1982)曾指出即使个体知道如何行为是最理想的却不一定真正去实施,个体的自我效能评价在行为的形成过程中具有重要的作用。自我效能感会通过工作内容的选择、任务的努力程度、遇到逆境后的坚持程度以及克服环境变动的适应性影响员工的行为表现。由于个人创新行为往往需要打破现有规则模式和面对动态复杂的环境，个体创新任务的实施必然会面临着许多新的挑战，这就需要个人具有内在而持续的行为动力（Amabile，1983；Bandura，1997），而自我效能感正是通过激发坚持程度和努力水平提供了创新行为的动力来源。

实证研究显示具有高度自我效能感的员工更倾向采取主动行为。Major和Kozlowski（1997）的研究表明自我效能感高的员工表现出了更多的信息搜寻行为，在任务复杂性与困难度增加的情境下，个人的自我效能感影响知识技能获取与移转的能力，而且较过去的表现更能预测未来的绩效。Bandura（1997）认为自我效能感有助于个体在创新和挑战的情境下能够继续坚持，Tierney和Farmer（2002）的研究证实了自我效能知觉会影响员工创新观点形成，Tierney和Farmer（2002，2003）的研究表明员工的自我效能感有助于促使员工产生创新绩效。

自我效能感会形成特定的认知成分，例如，广泛的信息搜寻、更多的记忆输出（Cervone、Jiwani和Wood，1991）和持续的努力（Bandura，1997）。Amabile（1988）曾认为创造性技能是对创新绩效唯一有影响的因素，Tierney和Farmer（2002）的研究发现创新活动的自我效能感是除了工作效能感之外对创新绩效具有正向影响的另一变量。Bandura（1997）发现特定的自我效能感对于目标绩效具有相当程度的解释力，这也支持了Tierney和Farmer（2002）关于创新方面的自我效能感直接影响创新的推论。

因此，基于以上分析提出本研究假设7：自我效能感对个人创新行为存在正向影响作用。结合之前的观点，一并提出本研究的假设8：团队创新气氛通过自我效能感对个人创新行为有正向影响作用。

（四）团队创新气氛对主观规范的影响

团队创新气氛是通过成员之间的互动而形成的（Johnson和Johnson，1991，McGrath，1984），团队成员有着相同的主管或者暴露在相同的政策程序之中（Dansereau和Alutto，1990），形成了对创新环境的共享认知和关于"恰当"行为的假设（Hackman，1983）。创新环境的共享认知使得团队成员持续不断地进行自我归类，寻求最大限度的团队间差异和团队内的相似性。个体还会通过自我增强过程寻求知觉和行为上对团队的认可，当个体的社会认同（如团队身份）比较明显的时候，个体将建构与具体情境相关的规范。由此可见，主观感知的创新规范会随着团队创新气氛的不同在团队之间表现出整体上的差异。

由于集体规范很少被正式地编码或者明确地阐述（Cruz、Henningsen和Williams，2000），个人未必能够正确地理解集体层次的规范，个人对规范的感知也必然存在着偏差。在创新气氛较强的团队中，成员之间的互动和对目标、任务的不断追求会形成团队中有形或无形的规范,这些规范成为团队成员所认可或隐含的规则,其可以用来指挥团队成员应该如何展现出其行为。此外,James、James和Ashe(1990)认为气氛代表着一种讯息(signal),即对于个人行为及行为结果的期望,个体接收到此讯息后便以此为根据规划其行为以及必要的手段,并通过规范自身的行为以响应组织的期望。因此,个人创新的主观规范有可能受团队气氛的引导。因此,团队创新气氛越强,团队对成员的影响力或者控制能力越强,越会要求成员在其行为表现上的创新性。

从团队创新气氛的愿景维度来看,团队创新气氛使得成员为了共同的目标与任务达成而紧密结合,强化了团队成员的规范服从、合作与互动。从团队创新气氛的心理安全维度来看,团队成员从事某种行为之前会预先形成他人是否会同意的主观判断(Ajzen和Fishbein,1980),即行为受到社会环境压力的影响,如果参与环境是宽松而没有威胁时,团队成员会认为行为上表现出创新性是恰当的。此外,研发团队的任务导向使得个体在工作中相互影响和相互依赖,个体之间容易形成共同的理解、期待的行为模式或者团队绩效规范(West,1995;Campion、Medsker和Higgs,1993;Hackman,1992)。从团队创新气氛的支持维度来看,团队创新一个必要的条件的就是制度性的支持而不仅仅是阐释性的支持(West,1995),所有这些支持性的规则或者制度都会有助于团队成员的规范认知,即团队创新支持越强,成员关于创新的主观规范也就越明显。

符号互动论(symbolic interaction approach)认为同一群体的员工和不同群体的员工相比对组织政策与程序的知觉有所差异,因为同一群体中的员工有相同主管或接触到相似的领导,等同于暴露在相同政策程序内(Dansereau和Alutto,1990)。团队创新气氛增加了个体的社会认同(如群体身份)并建构与具体情境相关的规范。由此可见,主观感知的规范会随着团队创新气氛程度的不同在团队之间表现出整体上的差异。因此,本研究推断团队创新气氛影响了团队成员对主观规范的形成,不同程度的团队创新气氛会影响个体感知的规范。

基于以上分析提出本研究的假设9:团队创新气氛对创新活动的主观规范存在正向影响作用。

(五)主观规范对个人创新行为的作用效应

团队层次上的规范是成员从事规定或者禁止行为时的普遍准则,而个人对规范的理解就是规范的感知。Cialdini等人(1990)在实验中发现参与者会从环境线索中寻找不乱扔垃圾的行为规范并保持和这些规范的一致性,结论表明规范的感知而非规范的事实影响行为。规范感知与行为之间的关系越来越得到实证的支持(Borsari和Carey,2003;Campo、Brossard和Frazer等,2003;Gomberg、Schneider和Dejong,2001;Grube、Morgan和Mc-

Gree,1986;Okun、Karoly 和 Lutz,2002;Rimai 和 Real,2005)。

尽管计划行为理论指出主观规范和行为之间的关系要受到行为意愿的中介(Ajzen,1991;Ajzen 和 Fishbein,1973),但是许多计划行为方面的研究也把规范作为行为的直接预测因素,发现了主观规范对行为存在的直接效应(Christian 和 Abrams,2004;Christian 和 Armitage,2002;Okun、Karoly 和 Lutz 2002;Trafimow 和 Finlay,2001)。这些研究认为尽管计划行为理论假设大多数人会报告其与行为有关的认知(如行为意愿),但是这样的假设未必准确地反映真实行为情境下认知与行为之间的关系(Ajzen、Brown 和 Carvajal,2004)。个体可能在某一时刻报告说有从事特定行为的意愿,但是行为意愿会很容易受到影响并改变(Ajzen,1991)。而规范的感知不容易随着时间而改变,因此,规范的感知相对于行为意愿而言,与行为之间有着更强的关系。此外,Manning(2009)的元分析也发现规范会直接影响行为,描述性规范与行为之间的关系强于指示性规范,因为描述性规范是以更直接的方式激发人的行为,并且描述性规范对行为的处理过程比指示性规范需要较少的认知努力,描述性规范是启发式的而非系统性的信息处理过程。

综合以上研究,本书考虑到研发团队作为问题解决形态和我国研发人员的集体主义倾向(Hofstede,1991),成员的自尊更加依赖于别人的认可和期望,从而赢得别人的尊重。当团队希望其成员展现出创新行为时,成员就会接受并按照此期望来展现自己以响应感知的团队规范,因此,成员关于创新过程的规范认知有利于其提出新的观点以及推动新观点的实施。由此提出本书的假设10:创新活动的主观规范对个人创新行为存在正向影响作用。结合之前的观点,提出假设11:团队创新气氛通过主观规范对个人创新行为有正向影响作用。

二、团队互动过程与个人创新行为的关系研究

(一)团队互动过程对个人创新行为的直接效应研究

本书所指的团队互动过程采用刘雪峰和张志学(2005)所发展的概念结构,他们将团队互动过程分为结构维度和人际维度。就结构维度而言,Burke 等人(2006)的团队适应性理论指出团队成员间的任务讨论、沟通与反馈对于计划的实施非常重要,而计划的实施是个人创新行为的重要组成部分。团队有效的讨论和沟通有助于知识与经验资源的扩展和加深对对方需要的了解(Agrell 和 Gustafson,1996;Nemeth 和 Owens,1996),提出的干预措施和方案更切合团队设定的目标(Ives 和 Olson,1984)。在团队互动过程中公开地对团队目标或者流程进行交流有助于(Swieringa 和 Wierdsma,1992;West,1996)促进团队成员的学习,而实证研究表明团队学习是团队发展与吸收创新的先决条件(Argyris,1993)。已有研究结论也显示团队学习有利于团队发现和识别问题(Hirokawa,1990)、扫描环境(Ancona 和 Caldwell，1992)以及创新性解决办法的改进等。

此外，就团队互动过程的人际维度而言，团队互动过程有助于形成正向的团队状态。由于个人创新行为的形成需要与其他成员进行沟通并让他人接受自己的新发现，创新过程也是人际互动以及认知的分享过程，团队的人际互动过程有利于使成员感受到支持和自由的气氛，成员之间的协调有助于自身观点的表达以取得相互影响(Van Offenbeek 和 Koopman，1996)。最近该领域的相关研究基本上支持了团队的人际互动过程对个人创新行为的积极作用。研究表明团队人际互动过程与员工满意度、合作行为有积极的关系(Dobbins 和 Zaccaro，1986；Sanders 和 Van Emmerik，2004)。团队过程的研究也表明团队沟通、团队协调与绩效之间有显著的正向关系(LePine et al.，2007)。Tesluk 和 Mathieu(1999)的研究发现团队协调正向影响问题管理行为。

现有关于团队互动过程影响后果的研究大多集中在其与团队效能的关系上(例如，Mullen 等，1990；王海霞，2008；杨志蓉，2006)。而关于团队互动过程作为高层变量对个体行为绩效的影响的研究非常有限。Maynard 等人(2007)的跨层次研究证明了团队互动的过渡阶段与顾客满意度正向相关，行动阶段与数量绩效的关系更加明显，该研究也同时发现人际阶段对于员工个体层次的满意度有跨层次的正向影响，而 Jafri(2010)以及 Sanders 等人(2010)认为员工满意度是个人创新行为前置因素。本书基于以上分析，认为团队互动过程的两个维度对个人创新行为均有积极作用。个人创新行为本质上也是一种员工的合作行为，同时也是自愿行为，团队互动过程有利于观点的传播与分享，使成员发表更多的新观点并努力实施这些观点。

因此，本研究提出假设 12：团队互动过程对个人创新行为有正向影响作用。

(二)自我效能感对团队互动过程与个人创新行为的中介效应

团队互动过程是团队成员共同参与的团队层次的活动，研究表明团队互动的多数过程与自我效能感的形成途径(如成功经验、替代性学习、口头说服等)有密切的关系(Estabrooks 和 Carron，2000)。如团队互动过程中的相互沟通与支持、问题策略的讨论等使得成员通过观察他人在不同情境所采取的有效应对策略，在了解实施创新行为所需信息的基础上加以学习与模仿而建立对本身能力的自信，从而有利于提升个体完成创新任务的自我效能感。此外，Van Offenbeek 和 Koopman(1996)提出了信息交换是团队互动过程的重要方面，信息交换是累计投入的团队运作所必需的个人信息、知识和经验等。信息交换扩展了团队成员可获得的知识与经验资源，这些经验和知识将强化员工对于自身能力的信心，有利于提升团队成员在创新过程中的自我效能感。

另外，团队互动过程的人际维度促进了成员之间的紧密联系(Padula，2008)，团队互动过程的人际维度有助于员工之间形成信任与合作的氛围,高的团队互动水平使得成员在所属群体感受到被接受和认同,所产生的归属感以及成员间的相互鼓励将提升完成创新任务的自我效能感,反之,如果团队人际的互动水平降低,成员完成任务时所感受到的孤立无助可导致成员创新的自我效能感降低。团队人际的互动还会影响成员的情绪状态,Baumeister和Leary(1995)指出归属需要是重要的人类动机,并且认为社会联系的形成与积极的情绪有关,Estabrooks和Carron(2000)也认为情绪状态的提升与团队的互动程度有关。团队人际的互动过程还有助于缓解压力(Bandura,1997),而紧张或充满压力的环境通常会影响个人的身心状况并影响个人的自我效能评价。

总之,根据社会认知理论,人类行为的形成与维持要受到人和环境因素间的互动影响,个人在某种程度上会依据其他人的意见而形成对自我能力的判断(Webster和Martocchio,1992;Compeau和Higgins,1995)。团队互动过程由于在信息、资源以及情感等方面的支持,增强了个体在认知、动机和情绪等方面的积极状态,有助于团队成员对创新任务的完成产生更多的信心,因而对自我效能感产生重要影响。

基于以上分析,本研究提出假设13:团队互动过程对自我效能感有正向影响作用。结合之前的观点,提出假设14:团队互动过程通过自我效能感对个人创新行为有正向影响作用。

(三)主观规范对团队互动过程与个人创新行为的中介效应

James(1993)运用了人种学的研究方法来研究控制系统如何从层级控制、官僚控制到团队协和控制的管理变革。他认为团队成员之间的互动与合作创造和重建了一套"基于价值判断的话语"作为员工推断适当行为的基础,这些想法、规范或规则使成员以"对组织有用的方式"采取行动,个体经常会因此而必须做出符合于团队所要求的行为。因此,团队互动过程也是一种控制手段,团队互动使得团队成员为了共同的目标与任务达成而紧密结合,强化了组织成员的规范服从与合作。

许多群体理论的研究者认为团队规范并不是外部力量所强加,而是通过成员之间的互动发展起来的(Johnson和Johnson,1991;McGrath,1984)。团队成员关于"恰当"行为的假设(Hackman,1983)很少得到明确的讨论,而是通过群体互动逐步形成。互动水平较高的团队对其成员服从规范的影响力较强(Festinger,Schachter和Back,1950),个体经常会受到来自团队规范的社会压力,不论这项规范是属于有意的或是无意的,个体会因此而必须做出符合于团队所要求的行为。在互动水平较高的团队中,成员之间的频繁互动和任务上的相互依赖,会更易于在团队中形成有形或无形的规范,这些规范反映了共同的理解和行为模式(Campion,Medsker和Higgs,1993),并成为团队成员所认可或隐含的规则,其可以用来指导团队成员应该如何展现其行为。因此,团队互动过程使得成员之间相互卷入与认同,并形成了任务完成的规范。

团队成员未必能够正确地理解集体层次的规范。由于集体规范很少被正式地编码或者明确地阐述。因此个人对规范的解释必然存在着偏差。团队互动过程对主观规范的影响是高层次的情境变量影响成员个体,个体对团队实际规范的感知也是依赖于规范信息的传递,Allen(1965)认为团队规范信息是通过两种途径传递的:第一种为直接方式,即通过书面或者口头的交流。第二种为间接方式,即通过成员的行为或者身体语言。在团队互动过程较多的情境下,团队成员之间不管是直接还是间接的规范传递,信息交流的数量会比较充分,个人更容易感知到他人的行为期待,并被激励遵从以避免社会惩罚。就研发过程而言,在研发的互动过程中,往往通过言传身教的方式将展现创新行为的基本规则传递给研发人员,这些规则反映了个体对于创新规范的感知。

基于以上分析本研究提出假设15:团队互动过程对主观规范存在正向影响作用。结合之前的观点,提出本书的假设16:团队互动过程通过主观规范对个人创新行为有正向影响作用。

三、跨层次研究的假设汇总及影响因素模型

个人创新行为跨层次影响因素的研究假设汇总如表3.2所示。

表3.2 本书提出的个人创新行为跨层次研究假设

序号	个人创新行为的跨层次模型假设
假设5	团队创新气氛对个人创新行为存在正向影响作用
假设6	团队创新气氛对自我效能感存在正向影响作用
假设7	自我效能感对个人创新行为存在正向影响作用
假设8	团队创新气氛通过自我效能感对个人创新行为有正向影响作用
假设9	团队创新气氛对创新活动的主观规范存在正向影响作用
假设10	创新活动的主观规范对个人创新行为存在正向影响作用
假设11	团队创新气氛通过主观规范对个人创新行为有正向影响作用
假设12	团队互动过程对个人创新行为有正向影响作用
假设13	团队互动过程对自我效能感有正向影响作用
假设14	团队互动过程通过自我效能感对个人创新行为有正向影响作用
假设15	团队互动过程对主观规范存在正向影响作用
假设16	团队互动过程通过主观规范对个人创新行为有正向影响作用

基于以上假设本书提出团队层次变量对个人创新行为的跨层次中介效应理论模型，如图3.2所示。

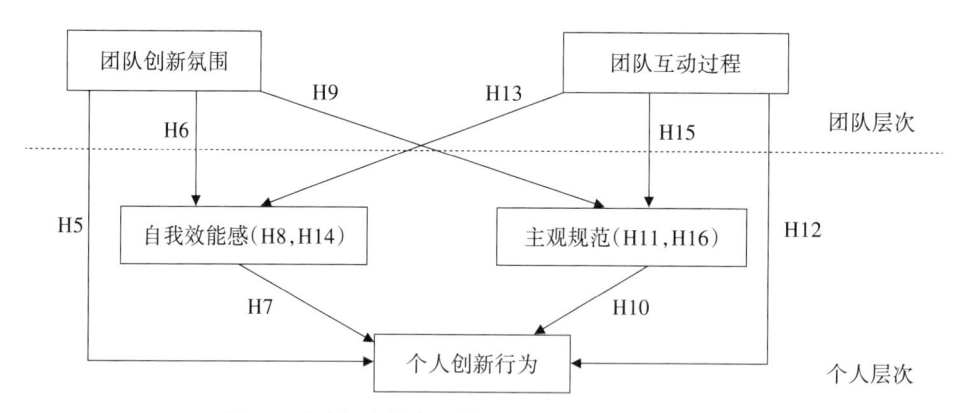

图3.2 本书提出的个人创新行为跨层次影响因素模型

第四章 问卷设计与小样本测试

本章通过明确问卷设计的总体程序以及初始量表的设计过程,发展出本书研究的初始测量条款,并经过小样本测试和项目分析之后形成正式测量量表,其目的是为本书假设的检验提供可靠的测量工具。

第一节 初始量表的设计

一、问卷设计的总体程序

本书首先通过阅读相关文献来选择切合本研究目的的研究变量,根据所搜寻到的国内外文献进一步分析是否有相关研究量表以及是否恰当,然后将这些国内外的研究量表与该领域的专家进行讨论,以选择合适的研究量表并对国外的问卷进行初步的翻译,作者就翻译后的问卷进一步咨询专家意见并进行内容和语义上的修改,使得其符合本书的研究样本与研究目的。在此基础上通过一对一的访谈对某企业的研发人员进行前测(Pre-test),填答过程没有时间上的限制,并询问其对本问卷的意见和看法,依据其实际反馈对问卷设计上的缺点加以修改。在通过以上过程所形成问卷的基础上,本研究进行了小样本试测,试测的目的是利用信效度分析来修正或删除某些信效度不佳的题目,以此形成本研究的正式研究问卷,本书问卷设计的总体程序如图4.1所示。

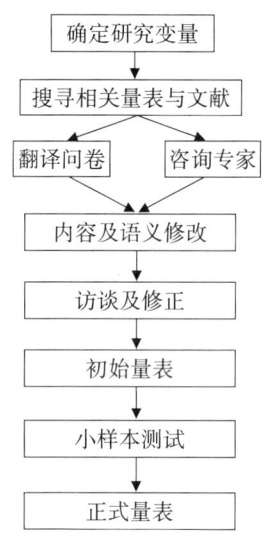

```
确定研究变量
    ↓
搜寻相关量表与文献
    ↓
翻译问卷   咨询专家
    ↓         ↓
  内容及语义修改
    ↓
  访谈及修正
    ↓
   初始量表
    ↓
  小样本测试
    ↓
   正式量表
```

图 4.1 问卷的操作化程序

二、初始量表的设计过程

本书共七个研究变量,每一变量都是在参考相关文献的基础上进行变量的定义与操作化[①],本研究尽可能引用国内外文献中具有良好信度与效度的量表。在国外成熟量表的采用方面,为了避免英文到中文翻译过程中出现的语义偏差,本研究通过采取以下三个方面的步骤来确保将语言上的偏差降低到最低程度。首先,由三位人力资源管理专业的博士生以及一位人力资源管理专业的教授组成翻译小组对论文中的国外量表进行翻译;其次,邀请两位英语专业的研究生将翻译后的中文再回译成英文。然后,两位研究生将回译后的英文与原始英文问项进行对比以检查语义上的差异,并对语义有重大差异的地方所对应的中文措辞进行修改。接着本研究以方便取样的方式对某企业的13名企业成员进行前测,目的在于发现问卷的问项在题意上的不足,避免小样本试测时受测者因语义不清而产生误答,造成问卷的信效度不够理想。前测过程中的被调查对象是在不经任何提示的情况下就问卷进行试答,填答过程中如果发现有任何语义不明或者填答困难,随时和研究者进行讨论。

经过以上修订后再增加封面页和说明部分,目的是让填答者了解本次调查的目的,保证本研究是以无记名的方式并且问卷所有的填答内容会被保密。在量表尺度选择方面,除控制变量外所有问项均以Likert五点尺度来加以衡量。这种设计的一个优点是可以简化衡量尺度,受测者可通过勾选1到5选项,表达出他对量表问项陈述内容的赞同程度,用量化的方式衡量研究对象在认知、态度及行为上的程度。经过以上过程,研究者对本书的初始问卷进行确认,修正后的初始问卷共74题,分为两个部分。第一部分有64个问项,主

---

① 该过程主要是依据国内外心理学和管理学领域发表的具有一定影响力的文献而进行原始问卷的整理。

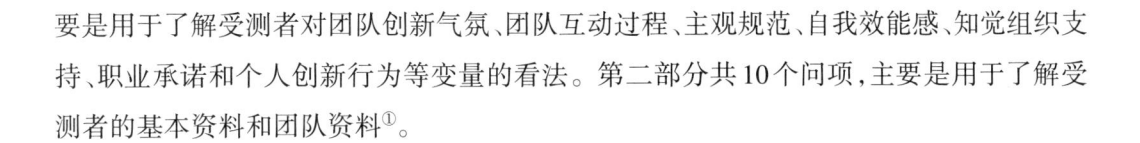

要是用于了解受测者对团队创新气氛、团队互动过程、主观规范、自我效能感、知觉组织支持、职业承诺和个人创新行为等变量的看法。第二部分共10个问项，主要是用于了解受测者的基本资料和团队资料[①]。

第二节 变量初始测量条款的产生

一、个体层次变量的测量条款

（一）知觉组织支持的测量量表

知觉组织支持是测量企业研发人员对于组织如何看待他们的利益与贡献，以及满足其物质和情感需求的信念。Eisenberger等人（1986）为了衡量组织对员工支持及忠诚的程度，编写了36个陈述句来表示员工对组织各种工作行为可能会有的评价，但是考虑到该量表问项数量过多容易使填答者厌烦而影响问卷填答质量，本研究采用Wayne, Shore和Liden（1997）的9问项量表，该量表是根据Eisenberger（1990）的36个问项而开发的简易量表，问项包括"我觉得我们公司对我一点儿也不关心（R）""我觉得我们公司真的很关心我的福利""我觉得我们公司关心我的工作满意度"等，该量表的第1、6个问项为反向题。全部采用Likert五点尺度，填答者根据问项内容的描述，从非常不同意到非常同意加以区分。

（二）职业承诺的测量量表

鉴于Lee, Carswell和Allen（2000）认为职业承诺（occupational commitment）、专业承诺（professional commitment）、生涯承诺（career commitment）本质上是相同的构念并且建议使用职业承诺术语。因此本书对职业承诺测量量表的选择范围也来源于以上三个方面的领域。由于Meyer等人（1993）在量表开发过程中所选样本为护士，而本书的研究对象研发人员具有一定的专业性，因此论文采用Aranya、Pollock和Amernic（1981）针对公共会计人员开发的三个维度12个问项的职业承诺量表并经修改而成。该量表的第4、5、6、7、10与12题衡量职业认同，如"我目前从事的专业工作非常适合我所追求的价值目标"。第1、2、9题衡量职业投入，如"我愿意付出比他人更多的努力使自己的专业更精湛"，第3、8、11题衡量留业意愿并采用反向题，如"我对目前从事的技术工作忠诚度很低"。本量表采用Likert五点尺度，由填答者根据问项内容的描述，从非常不同意到非常同意加以区分。

[①] 由于小样本测试的主要目的只是进一步确认量表的信度和效度以便纯化量表，因此在此阶段不需要考虑共同方法偏差的问题，直接由团队成员独立完成问卷的所有问项。

(三)自我效能感的测量量表

Mone(1994)的研究认为特定结果的自我效能感量表对于预测个人目标及绩效相对于一般自我效能感量表具有更好的效果。因此,本研究采用Tierney和Farmer(2002)编制的反映自身创新能力信念的自我效能感量表作为本书测量研发人员自我效能感的工具。该量表包含8个问项,问项包括"我能够有创意地实现大部分自己设定的目标""面对复杂任务时我总会有新的思路和方法完成它们""我想我能够以新颖的方式实现对于我而言重要的工作"等。问卷采用Likert五点尺度,由填答者根据问项内容的描述,从非常不同意到非常同意加以区分。

(四)主观规范的测量量表

本研究对主观规范定义为研究人员在采取创新行为时感受到的社会期待,测量量表主要是根据Ajzen(2002)所提出的问项并针对创新行为过程而进行修改,其中社会期待的重要关系人分别为主管和同事。问项包括"我的主管会喜欢我在团队内提出新观点并去实施""我的同事会喜欢我在团队内提出新观点并去实施"等。本量表采用Likert五点尺度,由填答者根据问项内容的描述,从非常不同意到非常同意加以区分。

(五)个人创新行为的测量量表

由于Scott和Bruce(1994)的量表是针对研发工程师的工作而开发的,这与本书的研究对象具有相似性,因此本研究的个人创新行为量表是在Scott和Bruce的基础上修订而成的,主要是测量研发人员在团队中对新技术、新流程、新技巧或新产品的导入和应用过程,以成为有用产品或服务的行为表现程度。该量表共六题,问项包括"我会寻求技术、产品、服务或工作流程等方面的改善""我会尝试各种新的方法或新的构想""我会说服同事关于新方法或新想法的重要性"等。量表采用Likert五点尺度,询问填答者对于各问项叙述的同意程度,1表示非常不同意,5表示非常同意,得分越高表示员工越能积极地表现出创新行为,Scott和Bruce的研究显示该量表的原始信度系数Cronbach's α值为0.89。

表4.1归纳了知觉组织支持、职业承诺、自我效能感、主观规范以及个人创新行为的操作性定义、问项数量以及量表的出处。

表4.1 本书个体层次变量的初始研究量表汇总

变量	操作性定义	问项数量	量表出处
知觉组织支持	企业研发人员对于组织如何看待他们的利益与贡献,以及满足其物质和情感需求的信念。	9	Wayne、Shore和Liden(1997)
职业承诺	个人对职业产生的正面态度,包含职业认同、职业投入以及愿意继续在这一职业工作的心理倾向。	12	Aranya、Pollock和Amernic(1981)

续表

变量	操作性定义	问项数量	量表出处
自我效能感	个体在完成创新任务的过程中对所需能力的信心。	8	Tierney和Farmer（2002）
主观规范	研究人员在采取创新行为时感受到的社会期待	6	Ajzen（2002）
个人创新行为	在工作场所中，企业成员受个人或者环境的影响而产生创新观点并将其导入和应用于组织中的所有行为集合。	6	Scott和Bruce（1994）

二、团队层次变量的测量条款

（一）团队创新气氛的测量量表

由于Anderson和West（1994）提出的团队创新气氛量表（Team Climate Inventory，TCI）问项多达38个，因此将会影响填答者完成问卷的兴趣和坚持性，进而降低填答意愿（Kivimäki和Elovainio，1999），因此，本研究采用芬兰学者Kivimäki和Elovainio（1999）所开发的团队创新气氛简化量表，该量表包含14个题项，问项包括"我们小组的目标能够被大家所接受""我们小组成员之间会对工作方面的问题进行沟通"以及"我们小组会寻找新的方法来解决问题"等。原始量表的整体Cronbach's α信度值为0.93，本量表采用Likert五点尺度，由填答者根据问项内容的描述，从非常不同意到非常同意加以区分。

（二）团队互动过程的测量量表

本书采用刘雪峰和张志学（2005）的团队互动过程研究量表，主要是因为考虑到以往研究量表描述的是成员在任务十分明确的情境下表现出的态度或行为，而刘雪峰和张志学（2005）的研究是针对任务并不十分明确，成员之间需要通过交流和讨论来自行明确任务的团队，比较切合研发人员的工作特点。此外，他们的研究成果是基于中国样本数据而开发的中文量表，不存在文化以及语义上偏移。刘雪峰等人所开发的团队互动过程量表包括结构和人际两个维度。结构维度主要涉及团队成员制订行动计划、分配任务、确立领导、监控过程等，而人际维度主要包括在执行结构性任务时所进行的沟通、协调以及信任尊重等。问项包括"接到任务后我们小组立即分析要达到的目标是什么""我们小组制订了完成工作的计划"以及"我们小组中的每位成员都参与讨论完成活动的方案"等。结构维度和人际维度的Cronbach's α信度分别为0.70和0.74，本量表采用Likert五点尺度，由填答者根据问项内容的描述，从非常不同意到非常同意加以区分。

团队创新气氛以及团队互动过程在本研究中被作为团队层次变量。本书团队层次的数据特征需要从个体层次而聚合到团队层次。团队数据的聚合过程应该具备显著的组内一致性（James，1982），然后用成员关于团队创新气氛和团队互动过程知觉的平均数来代表团队层次的相应特征，表4.2汇总了团队层次变量的操作性定义、问项数量以及量表出处。

表4.2 本书团队层次的初始研究量表汇总

构念	操作性定义	初始问项数量	量表出处
团队创新气氛	工作团队成员对影响其创新能力发挥的工作环境和气氛的一种共同知觉。	14	Kivimäki 和 Elovainio（1999）
团队互动过程	团队成员在互相依赖和协调完成任务的过程中，所进行的认知、言语、行为等方面的活动。	9	刘雪峰，张志学（2005）

三、控制变量

为了更好地分析各变量之间的关系，本书需要控制个体特征和团队特征对结果变量的影响。在个体层次控制变量方面，本书参照主观规范、自我效能感、知觉组织支持、职业承诺以及个人创新行为等相关研究对控制变量的选择，归纳出本书的个人层次控制变量，如表4.3所示。

表4.3 个体层次的控制变量汇总

性别	男性、女性
年龄	25岁及以下、26~35岁、36~45岁、46~55岁、56岁及以上
文化程度	大专及以下、本科、硕士、博士
婚姻状况	已婚、未婚
职业年限	0~2年、2~4年、4~6年、6年以上
团队任期	0~2年、2~4年、4~6年、6年以上

过去的研究显示，团队规模是影响团队过程以及绩效的重要因素（Brewer和Kramer，1986）。另外，由于本研究的样本选择未限制特定的行业、特定的企业性质和特定的企业规模，为排除以上四个因素对研究结论的影响，本研究将它们作为团队层次的控制变量，如表4.4所示。

表4.4 团队层次的控制变量汇总

团队规模	2~4人、5~7人、8~10人、11人及以上
团队的企业行业	机械制造、电子通信、计算机及软件业、生物制药、电气设备、化工、冶金能源、食品制造、服务业、其他
所在企业的性质	国有企业、民营企业、外资企业、中外合资、其他
企业规模	50人及以下、51~100人、101~200人、201~500人、501~1000人、1001人及以上

第三节 问卷的小样本试测

问卷前测的主要目的是修正问项在语义方面存在的问题,而小样本试测则是要利用测试结果来修正或删除某些信效度不佳的问项。试测后的正式问卷才可以进行理论模型的分析与验证。因此,本研究在大规模发放问卷前先做小样本试测。

一、小样本个体特征的描述性统计

本研究的小样本调查是根据本章所形成的初始调查问卷(见附表A1),在北京、天津、沈阳的6个企业中进行,共选取252名企业研发人员填答问卷。通过筛选填答不完整的问卷,最后共回收有效问卷232份,小样本调查的回收率为92.06%,被调查者在性别、年龄、文化程度、婚姻状况、职业年限和团队任期等方面的样本分布情况分析如下。

从表4.5来看,被调查的团队成员性别分布中男性被调查者为127人,约占总量的54.7%,女性被调查者104人,约占总量的44.8%。

表4.5 受访者性别的分布统计表

性别	频率	百分比(%)	有效百分比(%)	累计百分比(%)
男	127	54.7	55.0	55
女	104	44.8	45.0	100
缺失值	1	0.4		
总计	232	100[①]		

从表4.6来看,25岁以下的被调查者为22人,约占总量的9.5%;26~35岁的被调查者为127人,约占总量的54.7%;36~45岁的被调查者为65人,约占总量的28%;46~55岁的被调查者为16人,约占总量的6.9%;56岁及以上的被调查者为1人,约占总量的0.4%。

表4.6 受访者年龄的分布统计表

年龄	频率	百分比(%)	有效百分比(%)	累计百分比(%)
25岁及以下	22	9.5	9.5	9.5
26~35岁	127	54.7	55.0	64.5
36~45岁	65	28.0	28.1	92.6
46~55岁	16	6.9	6.9	99.6
56岁及以上	1	0.4	0.4	100
缺失值	1	0.4		
总计	232	100		

---

① 全书采用四舍五入法进行数据处理,可能存在总计不等于100%的情况。

从表4.7来看,大专及以下文化程度的被调查者为12人,约占总量的5.2%;本科文化程度的被调查者为129人,约占总量的55.6%;硕士文化程度的被调查者为73人,约占总量的31.5%;博士文化程度的被调查者为17人,约占总量的7.3%。

表4.7 受访者文化程度的分布统计表

文化程度	频率	百分比(%)	有效百分比(%)	累计百分比(%)
大专及以下	12	5.2	5.2	5.2
本科	129	55.6	55.8	60.8
硕士	73	31.5	31.6	92.4
博士	17	7.3	7.4	100
缺失值	1	0.4		
总计	232	100		

从表4.8看,被调查的团队成员的婚姻状况分布为:已婚被调查者为150人,约占总量的64.7%,未婚被调查者82人,约占总量的35.3%。

表4.8 受访者婚姻状况的分布统计表

婚姻状况	频率	百分比(%)	有效百分比(%)	累计百分比(%)
已婚	150	64.7	64.7	64.7
未婚	82	35.3	35.3	100
总计	232	100	100	

从表4.9所反映的被调查者职业年限来看,0~2年的被调查者为57人,约占总量的24.6%;2~4年的被调查者为64人,约占总量的27.6%;4~6年的被调查者为59人,约占总量的25.4%;6年及以上的被调查者50人,约占总量的21.6%。

表4.9 受访者职业年限的分布统计表

受访者职业年限	频率	百分比(%)	有效百分比(%)	累计百分比(%)
0~2年	57	24.6	24.8	24.8
2~4年	64	27.6	27.8	52.6
4~6年	59	25.4	25.7	78.3
6年及以上	50	21.6	21.7	100
缺失值	2	0.9		
总计	232	100		

从表4.10所反映的被调查者团队任期来看,0~2年的被调查者为87人,约占总量的37.5%,2~4年的被调查者为78人,约占总量的33.6%,4~6年的被调查者为30人,约占总量的12.9%,6年及以上的被调查者25人,约占总量的10.8%。

表4.10 受访者团队任期的分布统计表

受访者团队任期	频率	百分比(%)	有效百分比(%)	累计百分比(%)
0~2年	87	37.5	39.5	39.5
2~4年	78	33.6	35.5	75.0
4~6年	30	12.9	13.6	88.6
6年及以上	25	10.8	11.4	100
缺失值	12	5.2		
总计	232	100		

二、小样本测量问项的描述性统计

小样本研究各测量问项的均值、标准差、偏度和峰度等描述性统计量,如附表A4所示。Kline(1998)认为当偏度绝对值小于3,峰度绝对值小于10时,表明样本基本上服从正态分布。依据这一标准,样本中各个问项的评价值均服从正态分布。

三、初始测量量表的项目分析方法

项目分析是提高量表质量的常用手段,是量表开发的基础工作。通过该过程可以发现并剔除量表中质量较差的问项,从而优化量表(Waltz、Strickland和Lenz,1991)。本书的项目分析方法包括:分辨度指标分析,矫正的题目总分相关分析以及探索性因子分析等。

(一)分辨度指标分析

分辨度指标分析是指在某一问卷的某个问项能够分辨出两个或两组受试者之间特质差异的程度。计算的过程是针对某一量表,计算出被调查者在该量表上的问项总分,再通过对总分的排序把所有样本分成高分组和低分组,高分组在每一问项上的平均分减去低分组在每一问项上的平均分之后,所得的差为分辨度水平。分辨度水平较高的问项保留,而分辨度水平较低的问项则予以删除。通常也可以利用独立样本T检验比较高分组与低分组在某一题项上的得分是否存在显著差异,如果差异不显著,则可以考虑将该题从量表中删除。

(二)矫正的题目总分相关分析

在进行分辨度指标分析后,本研究通过矫正的题目总分相关分析(corrected item-total correlation, CITC)来进行量表问项的优化。矫正的题目总分相关是指每一个问项与其他问项(不含该问项本身)的相关性,即假设总分有效,个别问项和总分的相关系数大小,如果该相关系数过低,则可以考虑将该题从量表中删除。Nunnally和Bernstein(1994)等学者建议矫正的题目总分相关系数大于0.3是比较理想的,CITC小于0.3时表明该题项与其余问项的相关为低度关系,该题项与其余问项所要测量的心理或者潜在特质同质性不高,本研究也以0.3为测量问项取舍的临界标准。在信度评价中如果删除某个测量问项后量表的Cronbach's α信度系数增大,则表示可以删除该问项。多数学者认为0.7是信度系数的合适阈值(Nunnally,1967),本研究也选用0.7作为可接受的信度标准。

（三）探索性因子分析

本部分所采用的探索性因子分析方法(explorative factor analysis,EFA)是通过评价测量问项的因子载荷来进行的。探索性因子分析对于因子的抽取、数目以及分类均没有事前的假设。探索性因子分析过程首先检验相关矩阵中各变量的共同性(communality),运用KMO测度和Bartlett球形检验值等指标判断研究量表是否适合做因素分析,然后再分析每个问项的因子载荷是否达到最低标准,如果因子载荷达到最低标准则可以保留。本书采用主成分分析与正交旋转分析进行探索性因子分析,当KMO越接近1时,说明越适合做因子分析,一般认为,KMO在0.7以上就适合因子分析(Kaiser,1974),因子载荷量如果低于0.5,则可以考虑删除该问项(Kaiser,1974)。

四、分辨度分析结果

本书首先对232个初始样本进行了缺失值替换,然后计算被调查者在每个量表上的问项总分,并依据总得分的排序结果,找出前27%（高分组）和后27%（低分组）的样本,即对每一量表最高的63个样本和最低的63个样本数据进行分辨度指标分析[①],各量表高低点的总分临界值见表4.11。随后进行独立样本T检验。各问项的分辨度水平及独立样本T检验结果分别见附表A5和附表A6,结果表明所有测量问项均达到分辨度指标的显著性水平($p<0.001$)。

表4.11 各构念高低点的总分临界值

变量	低分组临界值	高分组临界值
知觉组织支持	25	32
职业承诺	41	49
自我效能感	33	40
主观规范	19	24
个人创新行为	21	24
团队互动过程	28	34
团队创新气氛	47	56

[①] 理论上高低两组的个数都取总体的27%,但由于分割点分割人数的不同,造成两组样本个数的不一致。

五、初始量表的CITC、信度和因子分析结果

（一）知觉组织支持的CITC、信度和因子分析结果

表4.12中可以看出，知觉组织支持9个测量问项的CITC值在0.464到0.787之间，均在0.300以上，总体的Cronbach's α信度为0.890，各问项内部具有较好一致性，各个问项删除后的α值均低于整体的0.890，暂时保留所有问项。

表4.12 知觉组织支持初始量表的CITC、信度分析结果

项目编号	CITC	删除该条款后的α值	Cronbach's α
pos01	0.553	0.887	α = 0.890
pos02	0.657	0.878	
pos03	0.636	0.879	
pos04	0.787	0.866	
pos05	0.706	0.874	
pos06	0.464	0.889	
pos07	0.680	0.876	
pos08	0.711	0.874	
pos09	0.670	0.877	

知觉组织支持预试量表的探索性因子分析结果如表4.13所示。第一次探索性因子分析KMO值为0.895，Bartlett球形检验值为978.033，$p<0.001$，说明样本适合因子分析程序。但是由于只有两个问项进入因子二，并且原有量表属于单维度结构，因此删除第1个和第6个问项（这两个问项均为反向问题），删除后再进行探索性因子分析，第二次探索性因子分析的KMO值为0.910，Bartlett球形检验值为816.570，$p<0.001$，各问项的因子载荷以第一次因子分析的顺序进行列示，各个问项的因子载荷均超过0.700，累计方差解释比率达61.942%。

表4.13 知觉组织支持初始量表的探索性因子分析结果

项目编号	第一次EFA 因子1	第一次EFA 因子2	第二次EFA	最终样本适应性指标值	
pos04	0.828	0.238	0.862	KMO	0.910
pos05	0.791	0.140	0.795	Bartlett球形检验值	816.570
pos08	0.787	0.187	0.808	Sig.	0.000
pos03	0.764	0.094	0.760	特征值	4.336

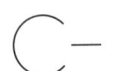

续表

项目编号	第一次EFA 因子1	第一次EFA 因子2	第二次EFA	最终样本适应性指标值	
pos07	0.733	0.246	0.775	累计方差解释比率	61.942%
pos09	0.717	0.237	0.758		
pos02	0.710	0.223	0.745		
pos06	0.152	0.882	—		
pos01	0.272	0.833	—		

再次对知觉组织支持剩下的7个测量问项进行测量条款的CITC和信度分析,结果显示CITC值在0.668到0.810之间,均在0.300以上,总体的Cronbach's α为0.899,各问项具有较好的内部一致性,知觉组织支持初始量表的第二次CITC、信度分析结果如表4.14所示。

表4.14 知觉组织支持初始量表的第二次CITC和信度分析结果

项目编号	CITC	删除该条款后的α值	Cronbach's α
pos02	0.668	0.890	
pos03	0.671	0.888	
pos04	0.810	0.871	
pos05	0.726	0.882	α = 0.899
pos07	0.677	0.887	
pos08	0.723	0.883	
pos09	0.670	0.888	

(二)职业承诺的CITC、信度和因子分析结果

表4.15中可以看出,职业承诺的12个测量问项中,CITC值在0.364到0.724之间,均在0.300以上。总体的Cronbach's α为0.857,各问项内部具有较好的一致性,虽然结果显示删除项目cmt08后整体α系数将有所提高,但变化不大,因此将第八个问项暂时予以保留。

表4.15 职业承诺初始量表的CITC、信度分析结果

项目编号	CITC	删除该条款后的α值	Cronbach's α
cmt01	0.364	0.856	
cmt02	0.481	0.850	α = 0.857
cmt03	0.410	0.855	
cmt04	0.702	0.834	α = 0.857

续表

项目编号	CITC	删除该条款后的α值	Cronbach's α
cmt05	0.529	0.847	
cmt06	0.611	0.841	
cmt07	0.724	0.832	
cmt08	0.381	0.859	
cmt09	0.445	0.852	
cmt10	0.627	0.840	
cmt11	0.532	0.846	
cmt12	0.604	0.842	

接下来对职业承诺初始量表进行探索性因子分析程序,结果如表4.16所示。验证结果发现KMO值为0.887,Bartlett球形检验值为919.996,$p<0.001$,说明样本适合因子分析程序。各个问项的因子载荷均超过0.500,并且全部测量问项得到的共同因子均与原始量表具有相同的结构,累计方差解释比率达60.756%。

表4.16 职业承诺初始量表的探索性因子分析结果

项目编号	因子载荷			样本适应性指标值	
	因子1	因子2	因子3		
cmt06	0.811	−0.003	0.172	KMO	0.877
cmt04	0.774	0.145	0.269	Bartlett球形检验值	919.996
cmt10	0.752	0.228	0.068	Sig.	0.000
cmt07	0.745	0.265	0.220	特征值1	3.551
cmt05	0.745	0.035	0.070	特征值2	1.908
cmt12	0.605	0.349	0.145	特征值3	1.832
cmt08	0.169	0.745	−0.042	累计方差解释比率	60.756%
cmt03	0.008	0.736	0.281		
cmt11	0.284	0.708	0.148		
cmt01	0.064	0.084	0.796		
cmt09	0.168	0.183	0.730		
cmt02	0.335	0.060	0.618		

(三)自我效能感的CITC、信度和因子分析结果

从表4.17可以看出,自我效能感的8个测量问项中CITC值在0.566到0.733之间,均在0.300以上,总体的Cronbach's α为0.884,各问项内部之间具有较好一致性,各个问项删除后的α值均低于整体的0.884。

表4.17 自我效能感初始量表的CITC、信度分析结果

项目编号	CITC	删除该条款后的α值	Cronbach's α
sef01	0.610	0.874	α = 0.884
sef02	0.635	0.872	
sef03	0.650	0.870	
sef04	0.566	0.880	
sef05	0.733	0.862	
sef06	0.718	0.863	
sef07	0.660	0.869	
sef08	0.666	0.868	

接下来对自我效能感的初始量表进行探索性因子分析,结果如表4.18所示,KMO值为0.899,Bartlett球形检验值为808.230,$p<0.001$,说明样本适合因子分析程序。各个问项的因子载荷均超过0.600,累计方差解释比率达55.568%,Hair等人(1998)认为在社会科学领域中累计方差解释比率60%以上表示共同因素是可靠的,如果在50%以上,表示结果也可以接受[1]。

表4.18 自我效能感初始量表的探索性因子分析结果

项目编号	因子载荷	样本适应性指标值	
sef05	0.815	KMO	0.899
sef06	0.776	Bartlett球形检验值	808.230
sef07	0.759	Sig.	0.000
sef08	0.755	特征值	4.445
sef03	0.747	累计方差解释比率	55.568%
sef02	0.736		
sef01	0.707		
sef04	0.658		

---

[1] 吴明隆.问卷统计分析实务——SPSS操作与应用[M].重庆:重庆大学出版社,2010.

(四)主观规范的CITC、信度和因子分析结果

从表4.19中可以看出主观规范的6个测量问项中,CITC值在0.605到0.784之间,均在0.300以上,总体的Cronbach's α为0.889,具有较好的内部一致性,各个问项删除后的α值均低于整体的0.889,暂时保留所有问项。

表4.19 主观规范初始量表的CITC、信度分析结果

项目编号	CITC	删除该条款后的α值	Cronbach's α
snm01	0.784	0.856	α = 0.889
snm02	0.766	0.867	
snm03	0.699	0.871	
snm04	0.715	0.868	
snm05	0.727	0.866	
snm06	0.605	0.887	

接下来对主观规范的初始量表进行探索性因子分析程序。结果如表4.20所示,验证结果发现KMO值为0.878,Bartlett球形检验值为771.467,$p<0.001$,说明样本适合进行探索性因子分析程序。各个问项的因子载荷均超过0.700,累计方差解释比率达65.744%。

表4.20 主观规范初始量表的探索性因子分析结果

项目编号	因子载荷	样本适应性指标值	
snm01	0.866	KMO	0.878
snm02	0.847	Bartlett球形检验值	771.467
snm05	0.818	Sig.	0.000
snm04	0.809	特征值	3.945
snm03	0.800	累计方差解释比率	65.744%
snm06	0.716		

(五)个人创新行为的CITC、信度和因子分析结果

从如表4.21可以看出,个人创新行为的6个测量问项的CITC值在0.562到0.695之间,均在0.300以上,总体的Cronbach's α为0.857,各问项内部具有较好的一致性,各个问项删除后的α值均低于整体的0.857。

表4.21 个人创新行为初始量表的CITC、信度分析结果

项目编号	CITC	删除该条款后的α值	Cronbach's α
iib01	0.562	0.848	α = 0.857
iib02	0.670	0.829	
iib03	0.694	0.824	
iib04	0.695	0.824	
iib05	0.659	0.831	
iib06	0.597	0.842	

接下来对个人创新行为的初始量表进行探索性因子分析程序。因子分析的结果如表4.22所示,结果表明KMO值为0.821,Bartlett球形检验值为587.863,$p<0.001$,说明样本适合因子分析程序。各个问项的因子载荷均超过0.600,累计方差解释比率达58.379%。

表4.22 个人创新行为初始量表探索性因子分析结果

项目编号	因子载荷	样本适应性指标值	
iib04	0.804	KMO	0.821
iib03	0.800	Bartlett球形检验值	587.863
iib02	0.788	Sig.	0.000
iib05	0.767	特征值	3.503
iib06	0.727	累计方差解释比率	58.379%
iib01	0.691		

(六)团队创新气氛的CITC、信度和因子分析结果

从表4.23中可以看出,团队创新气氛14个测量问项的CITC值在0.577到0.805之间,均在0.30以上,总体的Cronbach's α为0.949,各问项内部之间具有较好的一致性,各个问项删除后的α值均低于整体的0.949,暂时保留所有问项。

表4.23 团队创新气氛初始量表的CITC、信度分析结果

项目编号	CITC	删除该条款后的α值	Cronbach's α
tci01	0.577	0.949	α = 0.949
tci02	0.723	0.946	
tci03	0.706	0.946	
tci04	0.722	0.946	
tci05	0.805	0.943	

续表

项目编号	CITC	删除该条款后的α值	Cronbach's α
tci06	0.777	0.944	
tci07	0.780	0.944	
tci08	0.793	0.944	
tci09	0.773	0.944	
tci10	0.712	0.946	α = 0.949
tci11	0.737	0.945	
tci12	0.751	0.945	
tci13	0.654	0.947	
tci14	0.781	0.944	

接下来对团队创新气氛的初始量表进行探索性因子分析程序。由于本研究直接采用国外成熟量表并分为四个维度，因此我们一开始就限定因子个数为4，验证结果发现第一次探索性因子分析的KMO值为0.936，Bartlett球形检验值为2424.272，$p<0.001$，尽管样本适合因子分析程序，但是由于因子4只有一个问项进入，因此决定删除tci01问项。

表4.24 团队创新气氛初始量表的探索性因子分析结果（一）

项目编号	第一次EFA				第二次EFA			
	因子1	因子2	因子3	因子4	因子1	因子2	因子3	因子4
tci06	0.771	0.185	0.280	0.288	0.791	0.334	0.181	0.219
tci07	0.742	0.194	0.320	0.285	0.771	0.367	0.200	0.192
tci11	0.715	0.519	−0.006	0.194	0.670	0.028	0.484	0.349
tci05	0.702	0.288	0.269	0.352	0.731	0.356	0.277	0.219
tci08	0.655	0.303	0.491	0.074	0.565	0.420	0.276	0.391
tci09	0.626	0.262	0.525	0.087	0.413	0.436	0.166	0.674
tci10	0.564	0.525	0.278	−0.001	0.299	0.180	0.397	0.771
tci13	0.172	0.874	0.229	0.120	0.136	0.238	0.854	0.241
tci12	0.374	0.745	0.231	0.185	0.370	0.261	0.737	0.215
tci14	0.326	0.638	0.437	0.220	0.359	0.474	0.647	0.128
tci04	0.326	0.289	0.777	0.095	0.231	0.712	0.250	0.360
tci02	0.204	0.290	0.670	0.467	0.248	0.790	0.276	0.146
tci03	0.279	0.200	0.629	0.489	0.340	0.768	0.187	0.119

续表

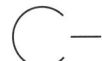

项目编号	第一次EFA				第二次EFA			
	因子1	因子2	因子3	因子4	因子1	因子2	因子3	因子4
tci01	0.270	0.147	0.193	0.861	—	—	—	—
特征值	3.862	2.815	2.628	1.644	3.300	2.845	2.510	1.742
KMO值	0.936				0.934			
Bartlett球形检验值	2424.271				2295.437			
Sig.	0.000				0.000			
累计方差解释比率	78.214%				79.979%			

删除第一个问项(tci01)后再进行探索性因子分析,第二次探索性因子分析的KMO值为0.934,Bartlett球形检验值为2295.437,$p<0.001$,并以第一次因子分析的顺序进行列示,结果显示第二次探索性因子分析中原本属于因子4的第11个问项(tci11)落在了因子1上,作者检验了第十一个问项(tci11)"我们小组成员之间互相激发和讨论彼此的想法",发现它与第六个问项(tci06)"我们小组成员之间会对工作方面的问题进行沟通"和第八个问项(tci08)"我们小组成员之间愿意分享工作上的信息"都是针对工作任务方面的,因此填答时容易形成相似的理解。

第一次和第二次探索性因子分析的结果如表4.24所示。作者决定删除问项tci11并进一步分析,第三次探索性因子分析发现,因子4只有两个问项,作者决定再次删除tci09和tci10[①],进行第四次探索性因子分析以探索三维度的团队创新气氛结构,验证结果发现KMO值为0.927,Bartlett球形检验值为1635.349,$p<0.001$,说明样本适合因子分析程序。各个问项的因子载荷均超过0.600,累计方差解释比率达79.146%,第三次和第四次探索性因子分析的结果如表4.25所示。

表4.25 团队创新气氛初始量表的探索性因子分析结果(二)

项目编号	第三次EFA				第四次EFA		
	因子1	因子2	因子3	因子4	因子1	因子2	因子3
tci06	0.818	0.262	0.211	0.235	0.842	0.279	0.224
tci07	0.793	0.308	0.226	0.204	0.808	0.313	0.243
tci05	0.737	0.311	0.296	0.241	0.767	0.343	0.288
tci08	0.602	0.352	0.303	0.396	0.666	0.365	0.383

①吴明隆(2010)认为探索性因子分析的每个构面保留3个以上题目比较合适。

续表

项目编号	第三次EFA				第四次EFA		
	因子1	因子2	因子3	因子4	因子1	因子2	因子3
tci03	0.343	0.788	0.182	0.139	0.346	0.799	0.178
tci02	0.276	0.782	0.282	0.160	0.283	0.791	0.288
tci04	0.267	0.684	0.260	0.372	0.345	0.711	0.317
tci13	0.139	0.202	0.864	0.258	0.174	0.221	0.890
tci12	0.370	0.223	0.750	0.230	0.391	0.231	0.777
tci14	0.372	0.441	0.662	0.143	0.372	0.443	0.660
tci10	0.271	0.175	0.386	0.787	—	—	—
tci09	0.449	0.375	0.183	0.682	—	—	—
特征值	3.037	2.539	2.386	1.718	3.034	2.495	2.386
KMO值	0.933				0.927		
Bartlett球形检验值	2057.202				1635.349		
Sig.	0.000				0.000		
累计方差解释比率	80.674				79.146		

再次对团队创新气氛剩下的10个测量问项进行CITC和信度分析,结果如表4.26所示,CITC值在0.642到0.796之间,均在0.300以上,总体的Cronbach's α为0.936,各问项内部具有较好的一致性,各问项删除后的α值均低于整体的0.936。

表4.26 团队创新气氛初始量表的第二次CITC、信度分析结果

项目编号	CITC	删除该条款后的α值	Cronbach's α
tci02	0.723	0.930	
tci03	0.701	0.931	
tci04	0.730	0.930	
tci05	0.789	0.927	
tci06	0.760	0.928	α = 0.936
tci07	0.766	0.928	
tci08	0.781	0.927	
tci12	0.742	0.929	
tci13	0.642	0.934	
tci14	0.796	0.926	

(七)团队互动过程的CITC、信度和因子分析结果

从表4.27中可以看出,团队互动过程第八个问项(tip08)的CITC值为0.283,低于0.300的标准,因此将团队互动过程的第八个问项予以删除。作者和相关专家经过分析,认为该问项可能涉及调查员工的能力方面,容易与其他问项存在内容上的偏差。在剩下的8个测量问项中,CITC值在0.451到0.733之间,均在标准值0.300以上,总体的Cronbach's α为0.831,各问项内部之间具有较好的一致性,各个问项删除后的α值均低于整体的0.831。

表4.27 团队互动过程初始量表的CITC、信度分析结果

测量条款	CITC1	CITC2	删除该条款后的α值	Cronbach's α
tip01	0.559	0.598	0.806	
tip02	0.621	0.629	0.802	
tip03	0.629	0.663	0.797	
tip04	0.617	0.623	0.803	$\alpha_1 = 0.816$
tip05	0.712	0.733	0.807	$\alpha_2 = 0.831$
tip06	0.502	0.482	0.822	
tip07	0.438	0.451	0.827	
tip08	0.283	—	—	
tip09	0.518	0.453	0.826	

接下来对团队互动过程的初始量表进行探索性因子分析,结果如表4.28所示,KMO值为0.846,Bartlett球形检验值为830.711,$p<0.001$,说明样本适合因子分析程序。各个问项的因子载荷均超过0.500,并且全部测量问项的共同因子均与先前量表具有相同的结构,累计方差解释比率达68.785%。

表4.28 团队互动过程初始量表探索性因子分析结果

项目编号	EFA 因子1	EFA 因子2	最终样本适应性指标值	
tip05	0.893	0.119	KMO	0.846
tip03	0.806	0.178	Bartlett球形检验值	830.711
tip01	0.788	0.122	Sig.	0.000
tip04	0.786	0.157	特征值1	3.910
tip02	0.774	0.184	特征值2	1.593
tip06	0.170	0.842	累计方差解释比率	68.785%
tip07	0.146	0.827		
tip09	0.145	0.799		

六、预试样本分析小结

本研究通过以上三个方面的项目分析后,知觉组织支持的第1、6个问项,团队互动过程的第8个问项以及团队创新气氛的第1、9、10、11个问项由于未能切合各概念原始的因素命名,因此应予以删除,其他变量及萃取的维度与原概念结构基本相同。团队创新气氛由原来的四个维度变成三个维度。最后形成的量表经信度检测之后均达到信度检验标准。本研究所有的量表总共删除了7个问项,各测量量表的最终信度分析结果表4.29所示。

表4.29 变量测量的最终信度分析结果

变量	测量项目数	信度α系数
知觉组织支持	7	0.899
职业承诺	12	0.857
自我效能感	8	0.884
主观规范	6	0.889
个人创新行为	6	0.857
团队创新气氛	10	0.936
团队互动过程	8	0.831

第五章　数据收集与数据质量分析

本章的内容涉及研究对象和程序、数据收集过程、数据分析方法、数据质量的评估以及团队层面数据的加总验证等,目的在于为下一章的假设验证提供可靠的数据支持。

第一节　研究对象与程序

本书的调查对象为企业研发团队中的研发人员,研发团队的选择标准是工作的专业技术性较强并且创新行为容易观察与衡量,同时排除临时性编制的团队。由于较大规模企业的人力资源管理制度比较健全,投资在研发上的经费与时间也相对有保证,因此调研抽样的企业为100人以上的企业。

为避免同源误差产生共同方法变异(common method variance,CMV)的问题,而且每一位调查对象自己报告的数据也可能不够客观,因此每位调查对象的个人创新行为由其共同的同事来进行评价。参考Kirkman和Rosen(1999)对于团队问卷的设计方式,将问卷区分为团队成员问卷与团队成员的同事问卷(以下简称为团队同事问卷)两部分,分别由团队成员及其共同同事进行填答,通过这种方式测量的自变量与因变量就会取自不同来源。

尽管本书的研究样本是依据便利性原则来随意抽取,但为了达到研究目的,在研究样本对象的选择上,本研究存在以下三个方面的考虑:首先,本书是研究中国情境下的个人创新行为及其影响因素,因此所选择的被调查企业都来自中国内地,并且是产品形态具有一定特色的相对成熟企业。其次,调研对象主要集中在共同参与同一任务的团队成员,并将团队中的被调查人数限定在4~5人(其中1人负责团队同事问卷,其成员代号为M)。最后,由于经费的限制,在其他条件相同的情况下研究费用也是本研究的考虑因素。

第二节 数据收集

由于本研究必须收集员工与其同事的配对样本,为了避免偏低的回收率,需要受访者高度的配合意愿。本研究通过电话联系、人员亲访或者通过关系介绍以确认配合意愿较高的公司与团队。为了降低研究工作的烦琐程度,本书作者邀请团队中的4~5位成员参与调查研究,其详细的程序包括以下三个方面。

首先,施测前的准备与指导。作者通过自身的社会关系筛选合适的企业并确定研究团队,并同时确定好每个团队的联络人员。正式调查问卷(见附件A2和附件A3)针对调查对象的特点在提示语上显示出差异性。在正式施测前,研究者先向联络人员详细说明本书的研究目的、问卷发放与回收须知以及填答方式,以确保问卷施测的准确无误。尤其是必须向联络人员说明本研究的学术用途,研究结果不对外公开,也不做任何其他用途,也不会涉及被研究对象的利益和隐私,所收集的数据内容不会出现姓名而只以字母和数字代码表示。

其次,问卷的发放:将已填写成员代号(A、B、C以及M)的纸质问卷放入大信封中交予联络人员,并请其发放给团队成员填答;此外,部分联络人是通过团队成员的电子信箱将对应的问卷发送给每一位调查对象(A、B、C、D以及M),在充分保障其隐私的前提下要求将填写好的问卷用Word文件格式通过电子邮件发送到指定信箱。经过以上过程,一个合适的团队至少具备三位团队成员的所有变量的完整资料,成员A、B、C和D(纸质问卷没有D)被要求就其实际的团队创新气氛、团队互动过程、主观规范、自我效能感、知觉组织支持以及职业承诺程度等做出评价,而团队成员的个人创新行为和团队基本资料则由团队成员A、B、C和D的共同同事M进行评价。

最后,问卷回收。纸质问卷回收前,要求联络人员确认整套团队问卷是否全部收齐,待确认无误后,将同一团队的问卷放回原先的大信封中交回。对于电子版的问卷,作者要求对那些三天之内没有回复的调查对象重新发送问卷并进行催促。在整个回收过程中,每位成员都不会看到其他成员的数据,因此,既维护填答者的个人隐私,又打消了被调查者的顾虑,保证了意见的真实性和数据的质量。

本书以小样本测试后修正的正式问卷,进行了大规模的企业调研,问卷调查时间为2010年9月到2011年2月。纸质问卷主要通过邮局寄送的方式,电子问卷主要通过电子邮件方式回收。结果共有21家公司配合本次调查,本次调研共发放1157份问卷,共计收回849份员工问卷和266份同事问卷(进行样本资料配对后共266个团队,其中,215个团队为3人资料,51个团队为4人资料),经过筛选剩余997份合格问卷,获得765份员工数据,构成了242份同事评价数据,其中203个团队拥有3人的完整资料,39个团队拥有4人的完整资料。剔除的问卷具有下列特征:首先,填答不完整的问卷,如问卷信息1/3以上的资料缺失。其次,填答不认真的问卷,例如,几乎所有问项的答案为同一选项以及反向问项中正反问题回答信息完全一致等。最后,成员回收不足3人的团队问卷。此外,团队组内一致性R_{wg}过低的问卷也不纳入以下的统计分析(具体的筛选方法和结果见第五章第四节部分)。

表5.1 问卷样本回收量统计

问卷情况 统计项目	收回问卷			未收回问卷	总计
	有效问卷	无效问卷	小计		
数量	997	118	1115	42	1157
比例	86.17%	10.20%	96.37%	3.63%	100.00%

第三节 数据的描述性统计

描述性统计(descriptive statistics)是用以整理、描述和解释资料的统计方法。本研究对被调查对象的个人与团队特征采用频次及百分比指标进行统计分析,并分析团队创新气氛、团队互动过程、自我效能感、主观规范、知觉组织支持、职业承诺以及个人创新行为等变量的均值、标准差、偏度和峰度指标,以作为进一步研究的基础。

一、人口特征的描述性统计

21个企业的765名成员形成了本次研究的最终有效样本。53.73%的被调查者为男性,41.83%的被调查者的年龄在26到35岁之间,本科和硕士文化程度占被访者的主体,约占总体的95.03%。被调查的已婚员工占64.44%。就职业年限而言,61.83%的员工工作年限在4年以上,一半以上的员工在团队中的任期超过4年,具体的统计情况见表5.2。

表5.2 大样本数据的人口统计特征

变量	指标	数量	百分比(%)	变量	指标	数量	百分比(%)
性别	男性	411	53.73	婚姻状况	已婚	493	64.44
	女性	334	43.66		未婚	257	33.59
	缺失值	20	2.61		缺失值	15	1.97

续表

变量	指标	数量	百分比(%)	变量	指标	数量	百分比(%)
年龄	25岁及以下	115	15.03	职业年限	0~2年	117	15.29
	26~35岁	320	41.83		2~4年	167	21.83
	36~45岁	201	26.27		4~6年	255	33.33
	46~55岁	109	14.25		6年及以上	218	28.50
	56岁及以上	13	1.70		缺失值	8	1.05
	缺失值	7	0.92				
文化程度	大专及以下	13	1.70	团队任期	0~2年	117	15.29
	本科	560	73.20		2~4年	167	21.83
	硕士	167	21.83		4~6年	105	13.73
	博士	16	2.09		6年及以上	368	48.10
	缺失值	9	1.18		缺失值	8	1.05

二、团队特征的描述性统计

从表5.3所反映的团队规模分布状况来看,规模在11人及以上的团队最多,有156个,占64.46%;其次是规模在8~10人之间的团队,有69个,占28.51%;规模为5~7人的团队有10个,占4.13%;规模为2~4人的团队有7个,占2.89%。

表5.3 团队规模的分布统计表

年龄	频率	百分比(%)	累计百分比(%)
2~4人	7	2.89	2.89
5~7人	10	4.13	7.02
8~10人	69	28.51	35.54
11人及以上	156	64.46	100.00

被调查团队所在企业的行业分布情况如表5.4所示,生物制药行业的团队最多,有99个,占40.91%;其次是计算机及软件业有32个,占13.22%;电子通信行业的团队有30个,占12.40%;机械制造行业有27个,占11.16%;电气设备行业的团队有27个,占11.16%;化学化工行业有13个,占5.37%;食品制造、冶金能源、服务业及其他共14个,总共占5.79%。

表5.4 团队所在企业的行业分布统计表

团队所在行业	频率	百分比(%)	累计百分比(%)
机械制造	27	11.16	11.16
电子通信	30	12.40	23.55

续表

团队所在行业	频率	百分比(%)	累计百分比(%)
计算机及软件	32	13.22	36.78
生物制药	99	40.91	77.69
电气设备	27	11.16	88.85
化学化工	13	5.37	94.22
冶金能源	5	2.07	96.29
食品制造	4	1.65	97.94
服务业	2	0.83	98.77
其他	3	1.24	100.00

从表5.5反映的团队所在企业性质来看,国有企业有176个团队,占72.73%;民营企业的团队有44个,占18.18%;外资企业的团队有11个,占4.55%;中外合资企业的团队有4个,占1.65%;其他类型的企业团队7个,占2.89%。

表5.5 团队所在企业的性质分布统计表

团队所在企业性质	频率	百分比(%)	累计百分比(%)
国有企业	176	72.73	72.73
民营企业	44	18.18	90.91
外资企业	11	4.55	95.46
中外合资企业	4	1.65	97.11
其他	7	2.89	100.00

从团队所在企业的规模来看,如表5.6所示,企业人数在1001人及以上的团队有152个,占62.81%;企业人数在501～1000人之间的团队有10个,占4.13%;企业人数在201～500人之间的团队有27个,占11.16%;企业人数在101～200人之间的团队有53个,占21.90%。

表5.6 团队所在企业的规模分布统计表

团队所在企业规模	频率	百分比(%)	累计百分比(%)
10～200人	53	21.90	21.90
201～500人	27	11.16	33.06
501～1000人	10	4.13	37.19
1001人及以上	152	62.81	100.00

三、变量测量条款评价值的描述性统计

所有测量项目的均值、标准差、偏度和峰度等描述性统计量,具体结果见附表A7,

Kline(1998)认为当偏度绝对值小于3,峰度绝对值小于10时,表明样本基本上服从正态分布。根据这一标准,正式问卷测量问项的数据均服从正态分布。

第四节 数据质量的评估

一、团队层面数据加总验证

本书的团队创新气氛和团队互动过程均是团队层级的构念,它们的衡量是将团队成员的个别问卷所获得的个人层次资料经过加总或平均处理后作为团队资料。但是团队层次数据产生之前必须先检查团队内成员间填答的一致性。本书采用指标r_{wg}来加以判定(James、Demaree 和 Wolf,1993),r_{wg}的值通常介于0~1之间,但如果组内变异超过期望变异,这个值也可能是负数或者大于1(对于多个项目的测量而言)。一般认为当r_{wg}的均值大于或等于0.70时,就表明团队成员的一致程度是可以接受的(George,1990;张志学等,2006)。由于本研究采用的量表均是多项目量表,组内一致性的计算采用以下公式①:

$$r_{wg}(J) = \frac{J[1-(\overline{S_{xy}^2}/\sigma_{eu}^2)]}{J[1-(\overline{S_{xy}^2}/\sigma_{eu}^2)] + (\overline{S_{xy}^2}/\sigma_{eu}^2)}$$

S_{xy}^2指观测方差,σ_{eu}^2指假设分布的期望方差,$\overline{S_{xy}^2}$指多个项目观测方差的平均数,J指项目数量。经过计算删除了不符合该标准的研究团队,使得研究团队的组内一致性均符合大于0.70的判定标准,每个团队各个变量(维度)的r_{wg}值计算结果见附表A8。通过计算,各团队变量(维度)r_{wg}的平均值如表5.7所示。

表5.7 团队层次各变量(维度)的组内一致性平均值

变量	TVION	TPS	TSUP	TSIP	TRIP
$r_{wg}(J)$	0.970	0.962	0.967	0.960	0.965

注:TVION,TPS,TSUP分别代表团队创新气氛的愿景、参与安全和创新支持维度。TSIP,TRIP分别代表团队互动过程的结构维度和人际维度

二、研究量表的信度分析

在进行正式的实证检验前需要对样本数据进行信度分析,主要是为了保证测量的稳定性和可靠性。按照第四章中介绍的检验方法与标准,各量表的Cronbach's α信度测量结果如表5.8所示,结果表明知觉组织支持、职业承诺、主观规范、自我效能感、个人创新行为、团队创新气氛以及团队互动过程的最终信度均达到可接受的0.700标准。

---

① 刘军.管理研究方法:原理与应用[M].北京:中国人民大学出版社,2008.

表5.8 各量表的最终信度测量结果

量表（维度）	测量项目数	预测试（N=232）	正式测试（N=765）
知觉组织支持	7	0.899	0.882
职业承诺	12	0.857	0.795
自我效能感	8	0.884	0.892
主观规范	6	0.889	0.874
个人创新行为	6	0.857	0.845
团队创新气氛	10	0.936	0.890
团队互动过程	8	0.831	0.800

三、收敛效度与区分效度分析

本书主要采用建构效度（construct validity）来分析资料的可靠性及正确性，此类效度包括了收敛效度与区分效度（Shook等，2004）。对于收敛效度的评价分为两种情况，一阶变量的收敛效度主要通过探索性因子分析进行，各测量问项被因子解释的方差比率超过0.5，并且标准化因子载荷超过0.4时，则具有较高的收敛效度（Ford、McCallum和Tai，1996）。对二阶因子收敛效度的分析采用验证性因子分析，通过平均方差（Average Variance Extracted，AVE）来进行，分析的依据主要有验证性因子分析拟合指标（如表5.9所示）、标准化因子载荷和AVE取值的下限标准，AVE评价了潜变量相对于测量误差来说所解释的方差总量。

此外，二阶变量各维度间区分效度的检验可以通过不同维度AVE的平方根与维度间相关系数比较的方法进行判断。$AVE=\Sigma\lambda^2/n$，其中λ表示因子分析时每个项目的因子载荷，n表示项目数，如果两个维度之间的相关系数小于两个维度的AVE平方根，就说明区分效度满足分析要求（Fornell和Larcker，1981）。

表5.9 本研究的验证性因子分析所采用的指标

拟合指标值：	评价标准
χ^2/df	越接近1拟合越好；在2.0到5.0之间即可接受
GFI	大于0.90即可接受
AGFI	大于0.90即可接受
NFI	大于0.90即可接受
IFI	大于0.90即可接受
CFI	大于0.90即可接受
RMSEA	低于0.10为中等拟合；低于0.08为很好拟合；低于0.05为完全拟合

资料来源：侯杰泰，温忠麟，成子娟.结构方程模型及其应用[M].北京：教育科学出版社，2004.

(一)知觉组织支持的收敛效度分析

本书的知觉组织支持属于单维变量,因此只进行收敛效度分析。知觉组织支持的收敛效度通过探索性因子分析程序进行,如表5.10所示,KMO值为0.911,Bartlett球形检验值为2287.138,$p<0.001$,说明样本适合因子分析程序。各个问项的因子载荷均超过0.700,累计方差解释比率达58.217%,并超过0.5,表明问卷具有较好的收敛效度。

表5.10 知觉组织支持的收敛效度分析

量表问项	因子载荷	样本适应性指标值	
pos04	0.826	KMO	0.911
pos08	0.777	Bartlett球形检验值	2287.138
pos05	0.770	Sig.	0.000
pos03	0.764	特征值	4.075
pos09	0.748	累计方差解释比率(%)	58.217
pos02	0.726		
pos07	0.725		

(二)职业承诺的收敛效度与区分效度分析

职业承诺包括职业投入、留业意愿和职业认同3个维度,验证性因子分析结果如表5.11所示,其中χ^2/df为1.804,小于标准2;RMSEA=0.055,小于0.08的标准;GFI=0.94;AGFI=0.91;NFI=0.95;CFI=0.98;IFI=0.98,均大于标准0.9,表明拟合效果比较理想。所有条款的标准化因子负载均大于0.50。职业投入的AVE值为0.578,职业认同的AVE值为0.555,留业意愿的AVE值为0.529,均超过0.500的下限,表明量表具有较好的收敛效度。

表5.11 职业承诺量表的收敛效度分析

测量条款	标准化因子负载	标准误差	T值	AVE
cmt01	0.66	0.140	10.41	
cmt02	0.83	0.078	13.66	0.578
cmt09	0.78	0.100	8.06	
cmt04	0.80	0.068	14.21	
cmt05	0.74	0.089	7.87	
cmt06	0.81	0.076	14.47	
cmt07	0.72	0.083	12.40	0.555
cmt10	0.68	0.055	11.35	
cmt12	0.71	0.094	12.18	

续表

测量条款	标准化因子负载	标准误差	T值	AVE
cmt03	0.72	0.150	9.87	
cmt08	0.76	0.058	7.19	0.529
cmt11	0.70	0.083	9.66	

拟合优度指标值：χ^2/df=1.804,RMSEA=0.055,GFI=0.94,AGFI=0.91,NFI=0.95,CFI=0.98,IFI=0.98

表5.12显示了潜变量之间的相关程度，其中对角线括号内为各潜变量AVE的平方根值。可以看出，各AVE的平方根值都大于其所在行和列的相关系数，表明职业承诺问卷具有良好的区分效度。

表5.12　职业承诺量表的区分效度分析

	职业投入	职业认同	留业意愿
职业投入	(0.76)		
职业认同	0.537**	(0.75)	
留业意愿	0.306**	0.107**	(0.73)

注：**表示在0.01的水平下显著(双尾)，对角线括号内为各维度AVE的平方根。

（三）自我效能感的收敛效度分析

由于自我效能感是单维变量，因此只进行收敛效度分析，探索性因子分析的结果如表5.13所示，其中，样本适应性指标KMO值为0.841，Bartlett球形检验值为4402.105，$p<0.001$，说明样本适合因子分析程序。各个问项的因子载荷均超过0.700，累计方差解释比率达57.006%，并超过0.5，表明问卷具有较好的收敛效度。

表5.13　自我效能感量表的收敛效度分析

量表问项	因子载荷	样本适应性指标值	
sef03	0.817	KMO	0.841
sef02	0.809	Bartlett球形检验值	4402.105
sef05	0.788	Sig.	0.000
sef04	0.748	特征值	4.560
sef06	0.728	累计方差解释比率(%)	57.006
sef01	0.723		
sef08	0.710		
sef07	0.708		

(四)主观规范的收敛效度分析

主观规范是单维变量,因此也只进行收敛效度的分析。主观规范的收敛效度通过探索性因子分析进行,结果如表5.14所示,样本适应性指标KMO值为0.871,Bartlett球形检验值为2172.586,$p<0.001$,说明样本适合因子分析程序。各个问项的因子载荷均超过0.700,累计方差解释比率达62.249%,并超过0.5,表明问卷具有较好的收敛效度。

表5.14 创新主观规范的收敛效度分析

量表问项	因子载荷	样本适应性指标值	
snm06	0.847	KMO	0.871
snm03	0.834	Bartlett球形检验值	2172.586
snm02	0.817	Sig.	0.000
snm01	0.785	特征值	3.735
snm05	0.726	累计方差解释比率(%)	62.249
snm04	0.715		

(五)个人创新行为的收敛效度分析

个人创新行为属于单维变量,也只进行收敛效度的分析。个人创新行为的收敛效度通过探索性因子分析程序进行,如表5.15所示,KMO值为0.884,Bartlett球形检验值为1559.977,$p<0.001$,说明样本适合因子分析程序。各问项的因子载荷均超过0.600,累计方差解释比率达56.350%,并超过0.5,表明问卷具有较好的收敛效度。

表5.15 个人创新行为的收敛效度分析

量表问项	因子载荷	样本适应性指标值	
iib02	0.793	KMO	0.884
iib05	0.770	Bartlett球形检验值	1559.977
iib03	0.767	Sig.	0.000
iib06	0.751	特征值	3.381
iib04	0.724	累计方差解释比率(%)	56.350
iib01	0.693		

(六)团队创新气氛的收敛效度与区分效度分析

团队创新气氛包括愿景、参与安全和创新支持三个维度,验证性因子分析结果如表5.16所示,其中χ^2/df为2.457,小于标准5;RMSEA=0.045,小于标准0.05;GFI=0.96;AGFI=0.94;NFI=0.99;CFI=0.99;IFI=0.99,均大于0.9,表明拟合效果非常理想。所有条款的标准化因子负载均大于0.70。愿景维度的AVE值为0.604,参与安全维度的AVE值为0.571,创新支持维度的AVE值为0.717,均超过0.5的下限,表明团队创新气氛量表具有较好的收敛效度。

表5.16 团队创新气氛的收敛效度分析

测量条款	标准化因子负载	标准误差	T值	AVE
tci02	0.78	0.093	13.49	0.604
tci03	0.80	0.064	14.10	
tci04	0.75	0.059	12.79	
tci05	0.75	0.061	13.15	0.571
tci06	0.79	0.065	14.16	
tci07	0.70	0.053	12.03	
tci08	0.78	0.062	13.99	
tci12	0.84	0.040	15.66	0.717
tci13	0.85	0.052	15.93	
tci14	0.85	0.043	15.93	

拟合优度指标值:χ^2/df=2.457,RMSEA=0.045,GFI=0.96,AGFI=0.94,NFI=0.99,CFI=0.99,IFI=0.99

表5.17显示了潜变量之间的相关程度,其中对角线括号内为各潜变量AVE的平方根值。可以看出,各AVE的平方根值明显都大于其所在行和列的相关系数,表明团队创新气氛量表具有良好的区分效度。

表5.17 团队创新气氛的区分效度分析

	愿景	参与安全	创新支持
愿景	(0.78)		
参与安全	0.703**	(0.76)	
创新支持	0.649**	0.734**	(0.85)

注:**表示在0.01的水平下显著(双尾),对角线括号内为各维度AVE的平方根。

(七)团队互动过程的收敛效度与区分效度分析

团队互动过程包括结构和人际两个维度,结构维度包括5个测量条款,人际维度包括3个测量条款,验证性因子分析结果如表5.18所示,其中χ^2/df=1.698,小于标准5;GFI=

0.97，AGFI=0.94，NFI=0.97，CFI=0.99，IFI=0.99，均大于标准0.9，RMSEA为0.054低于标准0.08，表明拟合效果比较理想。所有条款的标准化因子负载均大于0.60。而且结构维度的AVE值为0.537；人际维度的AVE值为0.578，均超过0.5的下限，表明量表具有较好的收敛效度。

表5.18 团队互动过程的收敛效度分析

测量条款	标准化因子负载	标准误差	T值	AVE
tip01	0.63	0.058	10.28	0.537
tip02	0.76	0.074	13.25	
tip03	0.76	0.071	13.22	
tip04	0.68	0.063	11.20	
tip05	0.82	0.037	14.71	
tip06	0.76	0.051	12.41	0.578
tip07	0.75	0.057	12.20	
tip09	0.77	0.030	12.64	

拟合优度指标值：χ^2/df=1.698，RMSEA=0.054，GFI=0.97，AGFI=0.94，NFI=0.97，CFI=0.99，IFI=0.99

表5.19显示了潜变量之间的相关程度，其中对角线括号内为各潜变量AVE的平方根值。可以看出，各AVE的平方根值明显都大于其所在行和列的相关系数，表明团队互动过程量表具有良好的区分效度。

表5.19 团队互动过程的区分效度分析

	结构维度	人际维度
结构维度	(0.733)	
人际维度	0.414**	(0.760)

注：**表示在0.01的水平下显著（双尾），对角线括号内为各维度AVE的平方根。

第六章 研究假设检验

本章首先进行了研究变量的相关分析,然后对研发人员的个人和团队特征进行了方差分析,之后分别运用SPSS 15.0和HLM 6.08对个体层次模型和跨层次模型提出的假设进行检验。具体而言,在个体层次上分析知觉组织支持对个人创新行为的直接效应以及职业承诺在知觉组织支持与个人创新行为之间的中介效应,并以跨层次的研究方法探讨团队创新气氛与团队互动过程对个人创新行为的影响以及主观规范与自我效能感在其中所扮演的中介作用。

第一节 变量的相关分析

一、个体层次变量的相关分析

本部分首先探讨企业研发人员职业承诺的职业认同、职业投入、留业意愿维度以及主观规范、自我效能感、知觉组织支持、个人创新行为之间的内在相关关系,利用SPSS 15.0得到的皮尔逊(Pearson)相关系数如表6.1所示。

表6.1 个体层次变量(维度)的相关分析

	职业认同	职业投入	留业意愿	自我效能感	主观规范	知觉组织支持
职业投入	0.537**					
留业意愿	0.170**	0.306**				
自我效能感	0.401**	0.431**	0.022			
主观规范	0.360**	0.189**	−0.031	0.316**		

续表

	职业认同	职业投入	留业意愿	自我效能感	主观规范	知觉组织支持
知觉组织支持	0.512**	0.232**	−0.047	0.341**	0.447**	
个人创新行为	0.409**	0.390**	0.071*	0.580**	0.350**	0.460**

注：**表示相关系数在0.01的水平上显著（双尾）；*表示相关系数在0.05的水平上显著（双尾）。

各变量（维度）内部相关分析的结果显示，除职业承诺的留业意愿维度与自我效能感、主观规范以及知觉组织支持没有显著相关外，其余各变量（维度）之间均存在显著的相关关系，表明个人创新行为与职业承诺中的职业投入和职业认同维度、自我效能感、主观规范以及知觉组织支持显著正相关。

二、团队层次变量的相关分析

团队创新气氛与团队互动过程均是衡量团队层级的概念，在本部分之前的已经通过组内一致性的计算，删除了不符合该标准的研究样本团队，使得每个变量在团队内部各被调查者之间具有足够的一致性，符合此判定标准的团队就可以将个别受测者的填答结果加总平均为团队层次数据。本部分利用SPSS 15.0得到团队创新气氛以及团队互动过程各维度之间的皮尔逊相关系数，如表6.2所示。相关分析结果显示，团队创新气氛以及团队互动过程各维度之间均存在显著的正相关关系。

表6.2 团队层次变量各维度的相关分析

	愿景	参与安全	创新支持	结构互动过程
参与安全	0.703(**)			
创新支持	0.649(**)	0.734(**)		
结构互动过程	0.555(**)	0.690(**)	0.617(**)	
人际互动过程	0.269(**)	0.382(**)	0.407(**)	0.414(**)

注：**表示相关系数在0.01的水平上显著（双尾）。

第二节 个人特征和团队特征的方差分析

先前的研究表明，个体的人口统计特征可能会影响到员工的态度与行为，为了探明这些特征的可能影响，本研究将利用方差分析来探讨研发人员的性别、年龄、文化程度、婚姻状况、职业年限、团队任期等控制变量对个体层次模型中介变量和因变量的影响效果，以及团队特征变量对跨层次模型的中介变量和因变量的影响效果。在进行方差分析时，采用独立样本T检验(两组)和单因素方差分析(两组以上),先进行方差齐性检验再判断均值是否存在显著差异。

一、研发人员个人特征的方差分析

本部分针对个体层次模型中所涉及的中介变量职业承诺和结果变量个人创新行为进行方差分析。

(一)性别的影响分析

以团队成员性别为分组标识的独立样本T检验结果如表6.3所示,方差齐性检验的显著性概率均大于0.050,均接受方差齐性的假设,即以研发人员性别为标识的分组中,职业承诺的三个维度以及个人创新行为的方差都是齐性的。在置信度为95%的水平下,留业意愿维度和个人创新行为在性别上的差异是显著的。就整体而言,职业承诺和个人创新行为在性别上有显著差异。

表6.3 性别的方差分析结果

变量名	均值差	方差齐性检验 F值	Sig.	是否齐性	显著性概率	是否显著
职业投入	0.063	0.198	0.657	是	0.190	否
留业意愿	−0.119	1.179	0.278	是	0.050	是
职业认同	0.077	0.092	0.761	是	0.092	否
个人创新行为	0.162	0.012	0.914	是	0.000	是

(二)年龄的影响分析

在年龄对职业承诺和个人创新行为的影响分析中,采用单因素方差分析法判断团队成员年龄对中介变量和结果变量的影响是否存在显著差异,结果如表6.4所示。可以看出,职业投入的方差齐性检验的显著性概率$p<0.05$,留业意愿、职业认同和个人创新行为的方差齐性检验的显著性概率$p>0.05$,即以研发人员的年龄为标识的分组中,职业承诺的留业意愿和职业认同维度以及个人创新行为的方差是齐性的。整体而言,在置信度为95%的水平下职业承诺和个人创新行为在年龄上均有显著差异。

表6.4 年龄的方差分析结果

变量名	总变差	F值	方差齐性检验 Sig.	是否齐性	显著性概率	是否显著
职业投入	323.317	2.823	0.005	否	0.024	是
留业意愿	508.780	4.160	0.086	是	0.002	是

续表

变量名	总变差	F值	方差齐性检验 Sig.	方差齐性检验 是否齐性	显著性概率	是否显著
职业认同	295.953	2.997	0.208	是	0.018	是
个人创新行为	222.979	3.960	0.395	是	0.003	是

（三）文化程度的影响分析

采用单因素方差分析法判断团队成员的文化程度对职业承诺和个人创新行为的影响是否存在显著差异,结果见表6.5。可以看出留业意愿的方差齐性检验的显著性概率 $p<0.05$,职业投入、职业认同以及个人创新行为的方差齐性检验的显著性概率 $p>0.05$,即以研发人员的文化程度为标识的分组中,职业承诺的职业投入、职业认同维度以及个人创新行为的方差是齐性的。所有变量（或维度）的方差检验显著性概率大于0.05。表明在置信度为95%的水平下职业承诺和个人创新行为在文化程度上均没有显著差异。

表6.5 文化程度的方差分析结果

变量名	总变差	F值	方差齐性检验 Sig.	方差齐性检验 是否齐性	显著性概率	是否显著
职业投入	322.910	0.357	0.061	是	0.784	否
留业意愿	506.715	0.302	0.042	否	0.824	否
职业认同	295.369	0.740	0.912	是	0.528	否
个人创新行为	222.885	0.300	0.414	是	0.826	否

（四）婚姻状况的影响分析

以团队成员婚姻状况为分组标识的独立样本T检验结果如表6.6所示,方差齐性检验的显著性概率均大于0.05,即职业承诺的三个维度以及个人创新行为的变量的方差是齐性的。职业承诺的留业意愿和职业认同维度方差检验的显著性概率小于0.05,表明总体而言,在置信度为95%的水平下职业承诺在婚姻状况上有显著差异,而个人创新行为在婚姻状况上无显著差异。

表6.6 婚姻状况的方差分析结果

变量名	均值差	方差齐性检验 F值	方差齐性检验 Sig.	方差齐性检验 是否齐性	显著性概率	是否显著
职业投入	0.027	3.081	0.080	是	0.589	否
留业意愿	0.214	0.860	0.354	是	0.001	是

续表

变量名	均值差	方差齐性检验 F值	Sig.	是否齐性	显著性概率	是否显著
职业认同	0.158	0.002	0.962	是	0.001	是
个人创新行为	−0.043	0.458	0.499	是	0.301	否

（五）职业年限的影响分析

采用单因素方差分析法判断团队成员的职业年限对职业承诺和个人创新行为的影响是否存在显著差异,分析结果如表6.7所示。职业投入以及留业意愿维度的方差齐性检验的显著性概率小于0.05;职业认同维度和个人创新行为方差齐性检验的显著性概率大于0.05,表明它们的方差是齐性的。总体而言,在置信度为95%的水平下,职业承诺在职业年限上有显著差异,而个人创新行为在职业年限上无显著差异。

表6.7 职业年限的方差分析结果

变量名	总变差	F值	方差齐性检验 Sig.	是否齐性	显著性概率	是否显著
职业投入	322.246	2.634	0.003	否	0.049	是
留业意愿	508.021	20.906	0.030	否	0.000	是
职业认同	280.230	12.772	0.167	是	0.000	是
个人创新行为	222.328	0.956	0.355	是	0.413	否

（六）团队任期的影响分析

采用单因素方差分析法判断成员的团队任期对职业承诺和个人创新行为的影响是否存在显著差异,分析结果如表6.8所示,可以看出留业意愿和职业认同维度方差齐性检验的显著性概率$p<0.05$;职业投入维度以及个人创新行为的方差齐性检验的显著性概率$p>0.05$,表明它们的方差是齐性的。总体而言,在置信度为95%的水平下,职业承诺在团队任期上有显著差异,而个人创新行为在团队任期上无显著差异。

表6.8 团队任期的方差分析结果

变量名	总变差	F值	方差齐性检验 Sig.	是否齐性	显著性概率	是否显著
职业投入	324.760	1.804	0.055	是	0.145	否
留业意愿	515.779	14.976	0.007	否	0.000	是
职业认同	304.222	7.754	0.042	否	0.000	是
个人创新行为	224.529	0.199	0.637	是	0.205	否

以上分析表明,在个体层次控制变量的方差分析中,性别、年龄、婚姻状况、职业年限、团队任期对研究中的职业承诺和个人创新行为分别产生不同程度的影响,所以在随后的个体层次模型验证过程中对这些特征需要进行适当的控制。另外,以上结果表明个人创新行为在研发人员的性别和年龄特征方面具有显著差异,因此在后续的跨层次分析中也要考虑这两个因素。

二、研发人员团队特征的方差分析

本部分针对跨层次模型中所涉及的中介变量主观规范和自我效能感以及结果变量个人创新行为进行方差分析。

(一)团队规模的影响分析

本研究将团队规模分为"2～4人""5～7人""8～10人"和"11人及以上"四类,采用单因素方差分析法判断团队规模对主观规范、自我效能感以及个人创新行为的影响是否存在显著差异,结果如表6.9所示,在置信度为95%的水平下,研发人员的主观规范与自我效能感是方差齐性的,而个人创新行为是方差非齐性的。主观规范在团队规模上有显著差异,而自我效能感与个人创新行为在团队规模上无显著差异。

表6.9 团队规模的方差分析结果

变量名	总变差	F值	方差齐性检验 Sig.	方差齐性检验 是否齐性	显著性概率	是否显著
主观规范	332.558	3.287	0.053	是	0.020	是
自我效能感	207.051	0.925	0.495	是	0.428	否
个人创新行为	224.529	0.492	0.034	否	0.688	否

(二)团队所属企业行业的影响分析

本研究将团队的行业性质分为机械制造、电子通信、生物制药等10类,采用单因素方差分析法判断团队的行业性质对主观规范、自我效能感和个人创新行为的影响是否存在显著差异,结果如表6.10所示,在置信度为95%的水平下研发人员的自我效能感以及个人创新行为是方差齐性的,而主观规范是方差非齐性的。主观规范、自我效能感和个人创新行为在团队的行业性质上均有显著差异。

表6.10 团队所属企业行业的方差分析结果

变量名	总变差	F值	方差齐性检验 Sig.	方差齐性检验 是否齐性	显著性概率	是否显著
主观规范	332.558	2.795	0.040	否	0.003	是
自我效能感	207.051	3.921	0.403	是	0.000	是
个人创新行为	224.529	3.287	0.198	是	0.001	是

(三)团队所属企业性质的影响分析

本研究将团队的企业性质分为国有企业、民营企业、外资企业、中外合资企业以及其他等5类,采用单因素方差分析法判断团队的企业性质对主观规范、自我效能感和个人创新行为的影响是否存在显著差异,结果如表6.11所示。可以看出在置信度为95%的水平下以团队的企业性质为标识的分组中,研发人员的主观规范、自我效能感以及个人创新行为均为方差非齐性。主观规范、自我效能感和个人创新行为在团队的企业性质上均没有显著差异。

表6.11 团队所属企业性质的方差分析结果

变量名	总变差	F值	方差齐性检验 Sig.	是否齐性	显著性概率	是否显著
主观规范	332.558	2.078	0.008	否	0.082	否
自我效能感	207.051	1.775	0.016	否	0.132	否
个人创新行为	224.529	0.945	0.004	否	0.437	否

(四)团队所在企业规模的影响分析

本研究将团队所在企业的规模分为"50人及以下""51~100人""101~200人""201~500人""501~1000人""1001人及以上"等6类,采用单因素方差分析法判断团队所在企业的规模对主观规范、自我效能感和个人创新行为的影响是否存在显著差异,结果如表6.12所示,可以看出在置信度为95%的水平下,自我效能感和个人创新行为是方差非齐性的,而主观规范是方差齐性的。自我效能感和个人创新行为在团队所在企业规模上有显著差异,主观规范在团队所在企业规模上没有显著差异。

表6.12 团队所在企业规模的方差分析结果

变量名	总变差	F值	方差齐性检验 Sig.	是否齐性	显著性概率	是否显著
主观规范	332.558	2.163	0.392	是	0.056	否
自我效能感	207.051	6.152	0.033	否	0.000	是
个人创新行为	224.529	5.440	0.000	否	0.000	是

由以上分析可以发现,团队规模、团队的行业性质、团队所在企业的规模对跨层次模型中的主观规范、自我效能感和个人创新行为产生不同程度的影响,在随后的跨层次研究中需要进行适当的控制。

第三节　个人创新行为个体层次影响因素的假设检验

Baron和Kenny(1986)关于多元回归分析中介效应的检验方法是比较经典的,后来的很多心理学、社会学以及管理学的研究大多采用了此方法。他们指出中介效应的研究应该从三个回归方程来进行分析。首先,把因变量对自变量做回归,然后,再把中介变量对自变量做回归,最后把因变量同时对自变量和中介变量做回归,分别检验每一个回归方程中的回归系数。此外,本书在第六章第二节部分的方差分析表明,文化程度对职业承诺和个人创新行为均没有显著差异,因此论文个体层次模型回归分析时对文化程度不予以考虑。

为了保证多元线性回归结论的科学性,有必要判断回归模型是否存在多重共线性,只有在确认不存在多重共线性的前提下才可进行多元回归分析。常见的多重共线性的衡量指标有方差膨胀因子(Variance Inflation Factor,简称VIF)。VIF的合理区间就是$0<VIF<10$,如果超过10一般被认为存在着多重共线性。本研究通过计算回归模型的VIF值,发现所有变量之间不存在多重共线性问题。论文采用层级回归方法分别就职业承诺的三个维度对知觉组织支持与个人创新行为关系的中介效应进行分析,检验结果如表6.13、表6.14和表6.15所示。

表6.13　职业投入为中介的模型检验

变量		个人创新行为		职业投入		个人创新行为	VIF
		模型1	模型2	模型3a	模型4a	模型5a	
控制变量	性别	−0.146***	−0.107***	−0.078*	−0.058*	−0.090**	1.020
	年龄	−0.123*	−0.119**	−0.027**	−0.024	−0.111**	1.957
	婚姻状况	−0.053	−0.047	−0.151	−0.148**	−0.002	1.949
	职业年限	0.086	0.094	0.107	0.111	0.060	2.924
	团队任期	−0.111*	−0.035	−0.144*	−0.105	−0.003	2.351
自变量	知觉组织支持	—	0.449***	—	0.226***	0.381***	1.100
中介变量	职业投入	—	—	—	—	0.303***	1.087
R^2		—	0.040	0.233	0.031	0.080	0.318	—
Adj.R^2		—	0.034	0.227	0.025	0.073	0.311	—
ΔR^2		—	0.040	0.193	0.031	0.049	0.084	—
Sig.ΔF		—	6.091***	183.351***	4.704***	38.802***	—	—

注:*$p<0.05$;**$p<0.01$;***$p<0.001$。

表6.14 职业认同为中介的模型检验

	变量	个人创新行为		职业认同		个人创新行为	VIF
		模型1	模型2	模型3b	模型4b	模型5b	
控制变量	性别	−0.146***	−0.107***	−0.055	−0.011	−0.105***	1.016
	年龄	−0.123*	−0.119**	−0.044	−0.038	−0.110*	1.959
	婚姻状况	−0.053	−0.047	−0.094	−0.087*	−0.027	1.935
	职业年限	0.086	0.094	−0.011	−0.002	0.094	2.910
	团队任期	−0.111*	−0.035	−0.077	0.010	−0.037	2.339
自变量	知觉组织支持	—	0.449***	—	0.511***	0.328***	1.397
中介变量	职业认同	—	—	—	—	0.238***	1.353
R^2	—	0.040	0.233	0.011	0.261	0.275	—
Adj.R^2	—	0.034	0.227	0.005	0.255	0.268	—
ΔR^2	—	0.040	0.193	0.011	0.250	0.042	—
Sig.ΔF	—	6.091***	183.351***	1.683***	245.595***	41.827***	—

注:*p<0.05;**p<0.01;***p<0.001。

表6.15 留业意愿为中介的模型检验

	变量	个人创新行为		留业意愿		个人创新行为	VIF
		模型1	模型2	模型3c	模型4c	模型5c	
控制变量	性别	−0.146***	−0.107***	0.068	0.067	−0.114***	1.020
	年龄	−0.123*	−0.119**	0.073	0.073	−0.126**	1.962
	婚姻状况	−0.053	−0.047	−0.076	−0.076	−0.039	1.931
	职业年限	0.086	0.094	0.032	0.032	0.090	2.911
	团队任期	−0.111*	−0.035	−0.026	−0.028	−0.032	2.340
自变量	知觉组织支持	—	0.449***	—	−0.011	0.451***	1.045
中介变量	留业意愿	—	—	—	—	0.105**	1.027
R^2	—	0.040	0.233	0.026	0.026	0.244	—
Adj.R^2	—	0.034	0.227	0.019	0.018	0.237	—
ΔR^2	—	0.040	0.193	0.026	0.000	0.011	—
Sig.ΔF	—	6.091***	183.351***	3.879**	0.091	10.332	—

注:*p<0.05;**p<0.01;***p<0.001。

如表6.13所示,模型1和模型2在控制了性别、年龄、婚姻状况、职业年限以及团队任期控制变量后,知觉组织支持对个人创新行为有正向影响(系数为0.449,p值小于0.001),

假设1得到验证。从表6.13和6.14可以看出,模型4a和4b在控制了个人特征后,知觉组织支持对于职业承诺的职业投入与职业认同维度有正向影响(系数分别为0.226和0.511,p值均小于0.001)。表6.15表明,模型4c在控制了个人特征后,知觉组织支持对职业承诺的留业意愿维度没有显著影响。因此,假设2得到了部分证明。如表6.13、表6.14和表6.15所示,模型5a、5b和5c在控制了个人特征和知觉组织支持因素后,职业投入、职业认同以及留业意愿三个维度均对个人创新行为存在正向影响(系数分别为0.303、0.238和0.105,p值均小于0.01),因此假设3得到了证明。

本书进一步验证了职业承诺如何中介知觉组织支持与个人创新行为之间的关系。遵循Baron和Kenny(1986)提出的检验步骤,在表6.13中,模型1和模型2表明知觉组织支持对个人创新行为有正向影响;模型3a和4a表明知觉组织支持对职业投入有正向影响;模型5a表明在加入了职业投入后,自变量知觉组织支持对个人创新行为的回归系数有所下降但仍然显著,表明职业投入在组织支持和个人创新行为之间起部分中介作用。

表6.14的模型1和模型2表明知觉组织支持对个人创新行为有正向影响;模型3b和4b表明知觉组织支持对职业认同有正向影响;模型5b表明在加入了职业认同后,知觉组织支持对个人创新行为的回归系数有所下降但仍然显著,表明职业认同在知觉组织支持和个人创新行为之间起着部分中介的作用。表6.15的模型4c表明知觉组织支持对职业承诺的留业意愿维度没有显著影响,因此,留业意愿在知觉组织支持和个人创新行为之间没有中介作用。综上分析,本书的假设4得到了部分证明。

第四节 跨层次假设检验的方法及试用性分析

一、阶层线性模型回顾及其中介效应分析方法

(一)阶层线性模型回顾

本研究采用Bryk和Raudenbush(1992)所发展出的阶层线性模型(HLM)来分析团队创新气氛和团队互动过程对个人创新行为的跨层级影响效果。传统线性模型的基本假设是线性、正态、方差齐性及独立,但是,同组内的个体比不同组内的个体之间更加接近或者相似。这样,不同组的抽样可能是独立的,但是同组内的抽样在很多变量上可能取值相似。而HLM的优点是能明显区别出团队内成员之间比其他团队成员更相似,将团队内成员视为特定的群体,消除了过去的普通最小二乘估计所带来的统计误差(Hofmann,1997)。

阶层线性模型分析对于跨层次研究是一个非常有用的分析工具,分析过程主要是通过个体层次模型和团队层次模型来分析个体层次变量的组内影响和组间影响。组内分析(在HLM分析中称之为level-1)主要是用来分析估计每一个组内(或团队内)个体层次的预测因素和个体层次的因变量之间关系的斜率和截距。从每一个组内(团队内)得到的斜率和截距将成为组间(或团队间,在HLM分析中称之为level-2)分析的因变量。因此,团队层次变量对个体层次行为的影响可以看作提供了个体层次变量预测的斜率和截距参数。

例如,现在有 j 个团队,每一个团队有 i 名成员。Y 是个体层次的因变量,X 是个体层次的预测因素,G 是团队层次的预测因素或者调节因素。层次1(level-1)和层次二(level-2)的假设模型如下所示:

$$\text{Level}-1: Y_{ij} = \beta_{0j} + \beta_{1j} X_{ij} + e_{ij}$$

$$\text{Level}-2: \beta_{0j} = \gamma_{00} + \gamma_{01} G_j + u_{0j}$$

$$\beta_{1j} = \gamma_{10} + \gamma_{11} G_j + u_{1j}$$

在以上公式中,Y_{ij} 是团队 j 中个体 i 的个体层次的因变量,X_{ij} 代表团队 j 中个体 i 的个体层次的预测变量,β_{0j} 和 β_{1j} 是每一个团队被估计的截距和斜率,e_{ij} 是第一层模型的残差,G_j 代表团队 j 特征的预测变量或调节因素,γ_{00} 和 γ_{10} 代表第二层模型的截距;而 γ_{01} 和 γ_{11} 代表解释变量 G_j 对于 β_{0j} 和 β_{1j} 的回归斜率,u_{0j} 和 u_{1j} 分别代表第二层次模型的残差。

基于以上两模型,每个团队在第一层次(个体层次)的截距和斜率有四种可能(Hofmann,1997)。图6.1a表明每一个团队具有相同的截距和斜率,这表明团队层次变量的影响是不存在的。因此,第二层次(团队层次)的分析就没有必要继续。在图6.1b中,每一个团队的斜率一样而截距不同,在这种情况下,对团队层次变量的调节效应的分析就没有任何意义。图6.1c表明每一个团队所决定的个体层次的截距相同而斜率不同,在这种情况下,对团队层次变量的直接效应分析就会没有意义。最后,在图6.1d中,个体层次的截距和斜率都随着团队的不同而变化。这样,第二层次模型既可以用来分析团队层次变量的调节效应,也可以用来分析团队层次变量的直接效应。

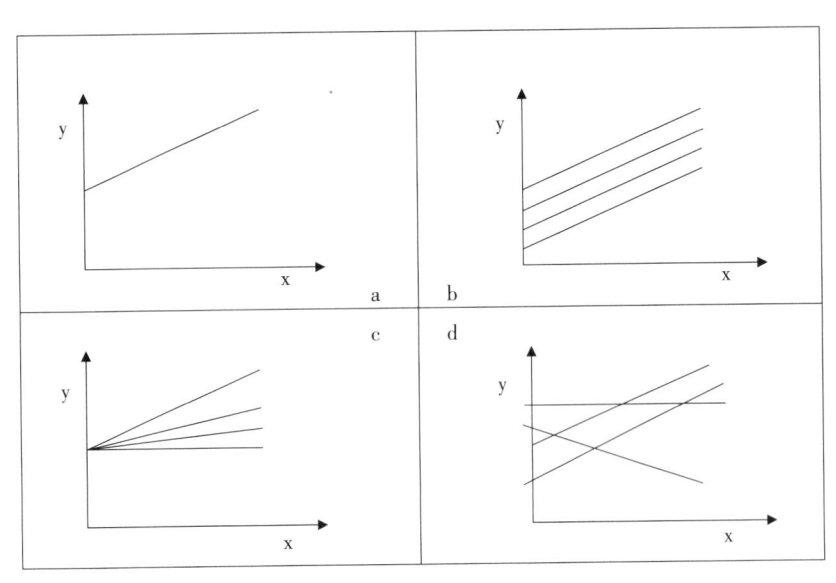

图6.1　HLM在Level-1层次模型的截距和斜率

资料来源：Hofmann，D.A. An overview of the logic and rationale of hierarchical linear models. Journal of Management，1997，23(6)：723-744.

（二）跨层次研究中介过程的分析方法

Krull和MacKinnon(2001)虽然提出了多层次中介效果的检验原理，但是并没有提出完整的跨层次模型中介效果的分析步骤。Mathieu和Taylor(2007)指出跨层次中介效果低层中介变量模型(cross-level mediation lower mediator)可利用单层次中介效果的检验方法来进行分析，也是分为三个步骤。下面以"$X-M-Y$"(X、M、Y分别为高层解释变量、低层中介变量和低层因变量)的中介模式来对分析过程进行说明，首先用模型进行总体层次解释变量X对个体层次结果变量Y总效果的检验：

$$\text{level-1}: Y=\beta_{0j}+e \tag{6.1}$$
$$\text{level-2}: \beta_{0j}=\gamma_{00}+\gamma_{01}X+u_{0j}$$

模型6.1中的第一个方程为没有任何解释变量的个体层次回归，而第二个方程是第一层随机截距项β_{0j}的回归模型，并引入总体层次解释变量X，其回归系数γ_{01}是X对Y的总效果。如果通过分析得出γ_{01}的估计值不显著，则X对Y的中介效果可能不存在。如果显著则接着检验总体层次解释变量X对个体层次中介变量M的影响，以HLM多层次模型的方程式表示如下：

$$\text{level-1}: M=\beta_{0j}+e \tag{6.2}$$
$$\text{level-2}: \beta_{0j}=\gamma_{00}+\gamma_{01}X+u_{0j}$$

模型6.2中团队层次的γ_{01}的估计值达到显著水平，才能进一步检验M的中介效果。接下来用模型6.3来检验总体层次解释变量X对结果变量Y的总效果是否因中介变量M

的存在而消失,如果γ_{01}的估计值为不显著而γ_{10}的估计值达到显著水平,则是完全的跨层次中介效果。如果γ_{01}的估计值是显著但其绝对值小于方程式模型6.1中γ_{01}估计值的绝对值,则是跨层次部分中介效果。

$$\text{level-1}: Y=\beta_{0j}+\beta_{1j}M+e$$
$$\text{level-2}: \beta_{0j}=\gamma_{00}+\gamma_{01}X+U_{0j} \tag{6.3}$$
$$\beta_{1j}=\gamma_{10}$$

二、跨层次研究的适用性分析

根据 Hofmann(1997),Kidwell 和 Mossholder(1997)等人的建议,多层次模型假设检验之前必须满足两个条件。

首先,由于本研究认为团队成员的主观规范和自我效能感以及个人创新行为均受到团队层次变量的影响,因此需要系统地对这些变量检验组内和组间变异,除此之外,团队层次的变量——团队创新气氛以及团队互动过程是由低的层次聚合到高的层次,聚合过程的合法性也需要经过检验(本书的第五章第五节已经通过组内一致性指标r_{wg}进行了分析)。

其次,为了检验跨层次的假设,层次1模型(level-1)的截距需要有显著的组间变异,本研究是通过随机系数回归模型来分析。当以上两个条件均满足的情况下,就可以通过截距预测模型进行分析。

本研究首先通过单因子方差分析模型检验团队成员主观规范、自我效能感以及个人创新行为等变量的组内变异和组间变异。该部分三个因变量的变异被划分成组内部分和组间部分,这样就建立了三个没有任何预测变量的虚无模型。

团队成员主观规范的虚无模型如下:

$$\text{level-1}: \text{SNM}=\beta_{0j}+e$$
$$\text{level-2}: \beta_{0j}=\gamma_{00}+u_{0j} \tag{6.4}$$
$$\text{var}(e)=\sigma^2=\text{主观规范的组内变异}$$
$$\text{var}(u_{0j})=\tau_{00}=\text{主观规范的组间变异}$$
$$\text{SNM}=\text{团队成员的主观规范}$$

团队成员自我效能感的虚无模型如下:

$$\text{level-1}: \text{SEF}=\beta_{0j}+e$$
$$\text{level-2}: \beta_{0j}=\gamma_{00}+u_{0j} \tag{6.5}$$
$$\text{var}(e)=\sigma^2=\text{自我效能感的组内变异}$$
$$\text{var}(u_{0j})=\tau_{00}=\text{自我效能感的组间变异}$$
$$\text{SEF}=\text{团队成员的自我效能感}$$

团队成员个人创新行为的虚无模型如下：

$$\text{level-1}: \text{IIB} = \beta_{0j} + e$$
$$\text{level-2}: \beta_{0j} = \gamma_{00} + u_{0j} \tag{6.6}$$
$$\text{var}(e) = \sigma^2 = \text{个人创新行为的组内变异}$$
$$\text{var}(u_{0j}) = \tau_{00} = \text{个人创新行为的组间变异}$$
$$\text{IIB} = \text{团队成员的个人创新行为}$$

表6.16显示了利用HLM 6.08对以上三个虚无模型进行分析的参数估计结果，所有模型的组间变异都是显著的（主观规范：$\tau_{00}=0.109$，$\chi^2=452.214$，$df=241$，$p<0.001$；自我效能感：$\tau_{00}=0.055$，$\chi^2=400.129$，$df=241$，$p<0.001$。个人创新行为：$\tau_{00}=0.216$，$\chi^2=452.298$，$df=241$，$p<0.001$），因此，利用HLM进行分析的第一个条件是具备的。每个模型的组内变异均高于其组间变异，Klein和Kozlowski（2000）认为在团队人数低于25人的样本中这是非常普遍的。除此之外，组内相关系数（Intraclass correlation coefficient，ICC）也反映了团队的趋同程度，等于变量组间变异度除以总的变异度。它可以通过以下公式进行计算（Bryk和Raudenbush，1992）：

$$\text{ICC} = \frac{\tau_{00}}{\tau_{00} + \sigma^2}$$

上述公式中，τ_{00}表示level-1中因变量的组间变异度，σ^2表示level-1中因变量的组内变异度。结果表明主观规范、自我效能感以及个人创新行为的ICC分别为0.217、0.173、0.216，高于可接受的最低标准0.05（Klein和Kozlowski，2000）。

表6.16 HLM分析的虚无模型的方差成分分析

层次	因变量	随机效应	方差	ICC	df	χ^2
个体	SNM	τ_{00}	0.109	0.217	241	452.214***
		σ^2	0.391			
	SEF	τ_{00}	0.055	0.173	241	400.129***
		σ^2	0.260			
	IIB	τ_{00}	0.066	0.216	241	452.298***
		σ^2	0.239			

注：SNM=主观规范；SEF=自我效能感 IIB=个人创新行为。τ_{00}=层次2中因变量的组间变异；σ^2=层次1中因变量的组内变异；ICC=组内相关系数；***表示$p<0.001$。

接下来本书利用随机系数回归模型来分析level-1层次截距的组间变异情况。为了支持本书的跨层次假设，就需要层次1的截距有显著的组间变异。主观规范和自我效能感以及性别和年龄[①]作为层次1的自变量,随机系数回归模型不考虑团队层次自变量,个人创新行为的随机系数回归模型用公式表示如下:

$$\text{level-1}: \text{IIB}=\beta_{0j}+\beta_{1j}\text{SNM}+\beta_{2j}\text{SEF}+\beta_{3j}SEX+\beta_{4j}\text{AGE}+e \quad (6.7)$$

$$\text{level-2}: \beta_{0j}=\gamma_{00}+u_{0j}$$

$$\beta_{1j}=\gamma_{10}+u_{1j}$$

$$\beta_{2j}=\gamma_{20}+u_{2j}$$

$$\beta_{3j}=\gamma_{30}+u_{3j}$$

$$\beta_{4j}=\gamma_{40}+u_{4j}$$

$$\text{var}(e)=\sigma^2=\text{level-1的残差方差}$$

$$\text{var}(u_{0j})=\tau_{00}=\text{level-2截距的方差}$$

上式中,IIB表示个人创新行为,SNM表示主观规范,SEF表示自我效能感。表6.17显示,个人创新行为的截距在团队间存在显著变异(τ_{00}=0.039,χ^2=438.010,df=92,p<0.001),因此利用HLM进行假设检验的第二个条件也得到满足。

表6.17　level-1层次截距的组间变异情况

因变量	随机效应	方差	ICC	df	χ^2
IIB	τ_{00}	0.039	0.211	240	438.010***
	σ^2	0.146			

注:IIB=个人创新行为;τ_{00}=层次2中因变量的组间变异;σ^2=层次1中因变量的组内变异;***p<0.001。

基于以上的分析,主观规范、自我效能感以及个人创新行为等变量具有足够的组间变异,同时,个人创新行为在level-1截距的组间变异是显著的。因此,利用HLM进行跨层次假设检验的两个条件已经具备。

第五节　跨层次模型中介过程的假设验证

一、主观规范对团队创新气氛与个人创新行为的中介效应

(一)主观规范对愿景维度与个人创新行为的中介过程分析

第一步,个人创新行为的截距预测模型分析。截距预测模型是将团队层次的预测因

[①] 第六章第二节的分析发现性别和年龄是影响个人创新行为的控制变量,下同。

素加入 level-1 的分析当中,为了便于分析控制变量的影响①,首先进行个人创新行为只包含团队层次控制变量的截距预测模型分析,模型如下:

$$\text{level-1}: \text{IIB} = \beta_{0j} + e \tag{6.8}$$

$$\text{level-2}: \beta_{0j} = \gamma_{00} + \gamma_{01}\text{TSCAL} + \gamma_{02}\text{TINDY} + \gamma_{03}\text{FSCAL} + u_{0j}$$

$$\text{var}(e) = \sigma^2 = \text{level-1 的残差方差}$$

$$\text{var}(u_{0j}) = \tau_{00} = \text{level-2 截距残差方差}$$

接着在层次 2 中加入团队创新气氛的愿景维度,截距预测模型如下:

$$\text{level-1}: \text{IIB} = \beta_{0j} + e \tag{6.9}$$

$$\text{level-2}: \beta_{0j} = \gamma_{00} + \gamma_{01}\text{TVION} + \gamma_{02}\text{TSCAL} + \gamma_{03}\text{TINDY} + \gamma_{04}\text{FSCAL} + u_{0j}$$

$$\text{var}(e) = \sigma^2 = \text{level-1 的残差方差}$$

$$\text{var}(u_{0j}) = \tau_{00} = \text{level-2 截距残差方差}$$

上式中,IIB 表示个人创新行为,TVION 表示团队创新气氛的愿景维度,TSCAL 表示团队规模,TINDY 表示团队所属企业行业,FSCAL 表示团队所属企业的规模。

第二步,主观规范的截距预测模型分析。为了便于分析控制变量的影响,首先进行主观规范只包含团队层次控制变量的分析,截距预测模型如下:

$$\text{level-1}: \text{SNM} = \beta_{0j} + e \tag{6.10}$$

$$\text{level-2}: \beta_{0j} = \gamma_{00} + \gamma_{01}\text{TSCAL} + \gamma_{02}\text{TINDY} + \gamma_{03}\text{FSCAL} + u_{0j}$$

$$\text{var}(e) = \sigma^2 = \text{level-1 的残差方差}$$

$$\text{var}(u_{0j}) = \tau_{00} = \text{level-2 截距残差方差}$$

接着在层次 2 中加入团队创新气氛的远景维度,截距预测模型如下:

$$\text{level-1}: \text{SNM} = \beta_{0j} + e \tag{6.11}$$

$$\text{level-2}: \beta_{0j} = \gamma_{00} + \gamma_{01}\text{TVION} + \gamma_{02}\text{TSCAL} + \gamma_{03}\text{TINDY} + \gamma_{04}\text{FSCAL} + u_{0j}$$

$$\text{var}(e) = \sigma^2 = \text{level-1 的残差方差}$$

$$\text{var}(u_{0j}) = \tau_{00} = \text{level-2 截距残差方差}$$

上式中,SNM 表示团队成员的主观规范,TVION 表示团队创新气氛的愿景维度,TSCAL 表示团队规模,TINDY 表示团队所属行业,FSCAL 表示团队所属企业的规模。

第三步,检验团队层次自变量对个体层次因变量的总效果是否因中介变量的存在而消失,主观规范做中介的完全模型如下:

$$\text{level-1}: \text{IIB} = \beta_{0j} + \beta_1 \text{SNM} + \beta_2 \text{SEX} + \beta_3 \text{AGE} + e \tag{6.12}$$

---

① 第六章第二节的方差分析表明,团队规模、团队所属企业行业以及团队所属企业规模是对个人创新行为有影响的控制变量,下同。

$$\text{level-2}: \beta_{0j}=\gamma_{00}+\gamma_{01}\text{TVION}+\gamma_{02}\text{TSCAL}+\gamma_{03}\text{TINDY}+\gamma_{04}\text{FSCAL}+u_{0j}$$

$\text{var}(e)=\sigma^2=\text{level-1}$ 的残差方差

$\text{var}(u_{0j})=\tau_{00}=\text{level-2}$ 截距残差方差

上式中,IIB表示个人创新行为,SNM表示团队成员的主观规范,SEX表示团队成员的性别,AGE代表团队成员的年龄,TVION表示团队创新气氛的愿景维度,TSCAL表示团队规模,TINDY表示团队所属行业,FSCAL表示团队所属企业的规模。

表6.18 主观规范对愿景维度与个人创新行为的中介影响(固定效应)

步骤	因变量	模型	固定效应	系数	标准误	t值	p值
1	IIB	6.8	γ_{00}	3.743***	0.130	28.818	0.000
			γ_{01}	−0.015	0.034	−0.438	0.662
			γ_{02}	−0.020*	0.009	−2.229	0.027
			γ_{03}	0.022	0.012	1.811	0.071
1	IIB	6.9	γ_{00}	1.996***	0.251	7.939	0.000
			γ_{01}	0.490***	0.060	8.182	0.000
			γ_{02}	−0.055	0.030	−1.808	0.071
			γ_{03}	−0.008	0.007	−1.183	0.238
			γ_{04}	0.015	0.010	1.460	0.146
2	SNM	6.10	γ_{00}	3.897***	0.173	22.478	0.000
			γ_{01}	0.001	0.046	0.004	0.997
			γ_{02}	−0.029***	0.011	−2.631	0.009
			γ_{03}	−0.031	0.018	−1.738	0.083
		6.11	γ_{00}	2.251***	0.359	6.278	0.000
			γ_{01}	0.461***	0.086	5.341	0.000
			γ_{02}	−0.037	0.044	−0.854	0.394
			γ_{03}	−0.018	0.010	−1.795	0.074
			γ_{04}	−0.038***	0.016	−2.447	0.015
3	IIB	6.12	γ_{00}	1.781***	0.248	7.192	0.000

续表

步骤	因变量	模型	固定效应	系数	标准误	t值	p值
			γ_{01}	0.388***	0.063	6.189	0.000
			γ_{02}	−0.048	0.029	−1.640	0.102
			γ_{03}	−0.001	0.007	−0.121	0.904
			γ_{04}	0.032***	0.011	3.000	0.003
			β_1	0.217***	0.033	6.649	0.000
			β_2	−0.139***	0.035	−3.923	0.000
			β_3	−0.051**	0.022	−2.289	0.022

注1：IIB表示个人创新行为；SNM表示团队成员的主观规范。
注2：*p<0.05；**p<0.01；***p<0.001。

表6.19 主观规范对愿景维度与个人创新行为的中介影响（随机效应）

步骤	因变量	模型	随机效应	方差	df	χ^2	p值
1	IIB	6.8	τ_{00}	0.064	238	441.088***	0.000
			σ^2	0.239			
		6.9	τ_{00}	0.031	237	334.813***	0.000
			σ^2	0.239			
2	SNM	6.10	τ_{00}	0.104	238	438.622***	0.000
			σ^2	0.390			
		6.11	τ_{00}	0.075	237	380.677***	0.000
			σ^2	0.391			
3	IIB	6.12	τ_{00}	0.031	236	340.207***	0.000
			σ^2	0.209			

注1：IIB表示个人创新行为，SNM表示团队成员的主观规范。
注2：τ_{00}=层次2中因变量的组间变异，σ^2=层次1中因变量的组内变异。
注3：***p<0.001。

利用以上预测模型得到的分析结果如表6.18和表6.19所示，可以看出在level-2截距残差变异（随机效应）也都是显著的。团队创新气氛的愿景维度在控制了团队变量后对个人创新行为的影响依然是显著的（γ_{01}=0.490，p<0.001），这就意味着团队创新气氛的愿景维度对个人创新行为的产生有正向作用。团队创新气氛的愿景维度在控制了团队控制变量后对主观规范的影响也是显著的（γ_{01}=0.461，p<0.001），这也意味着团队创新气氛的愿景维度对主观规范的产生有正向作用。在第三步分析中，层次2（level-2）加入团队控制变量团队规模、团队所属企业性质和团队所属企业规模，层次1（level-1）加入了个人变量主

观规范、个体层次的性别和年龄控制变量后,团队创新气氛的愿景维度对个人创新行为依然存在着积极而显著的影响($\gamma_{01}= 0.388, p<0.001$),并且其绝对值小于第一步分析中$\gamma_{01}$($\gamma_{01}=0.490, p<0.001$)的估计值,主观规范对于个人创新行为的作用并没有消失($\beta_1=0.217, p<0.001$)。综上分析,团队创新气氛的愿景维度除了直接影响个人创新行为外,还通过主观规范的中介作用间接正向影响个人创新行为。

(二)主观规范对参与安全维度与个人创新行为的中介过程分析

第一步,个人创新行为的截距预测模型分析。为了便于分析控制变量的影响,首先用截距预测模型6.8进行只包含团队层次控制变量的影响分析,接着在层次2中加入团队创新气氛的参与安全维度,其截距预测模型如下:

$$\text{level}-1: \text{IIB}=\beta_{0j}+e \tag{6.13}$$
$$\text{level}-2: \beta_{0j}=\gamma_{00}+\gamma_{01}\text{TPS}+\gamma_{02}\text{TSCAL}+\gamma_{03}\text{TINDY}+\gamma_{04}\text{FSCAL}+u_{0j}$$
$$\text{var}(e)=\sigma^2=\text{level}-1\text{的残差方差}$$
$$\text{var}(u_{0j})=\tau_{00}=\text{level}-2\text{截距残差方差}$$

上式中,IIB表示个人创新行为,TPS表示团队创新气氛的参与安全维度,TSCAL表示团队规模,TINDY和FSCAL分别表示团队所属企业的行业和规模。

第二步,主观规范的截距预测模型分析。为了便于分析控制变量的影响,首先用截距预测模型6.10进行只包含团队层次控制变量的分析,接着在层次2中加入团队创新气氛的参与安全维度,其截距预测模型如下:

$$\text{level}-1: \text{SNM}=\beta_{0j}+e \tag{6.14}$$
$$\text{level}-2: \beta_{0j}=\gamma_{00}+\gamma_{01}\text{TPS}+\gamma_{02}\text{TSCAL}+\gamma_{03}\text{TINDY}+\gamma_{04}\text{FSCAL}+u_{0j}$$
$$\text{var}(e)=\sigma^2=\text{level}-1\text{的残差方差}$$
$$\text{var}(u_{0j})=\tau_{00}=\text{level}-2\text{截距残差方差}$$

上式中SNM表示主观规范,TPS表示团队创新气氛的参与安全维度,TSCAL表示团队规模,TINDY表示团队所属行业,FSCAL表示团队所属企业的规模。

第三步,检验总体层次解释变量对结果变量的总效果是否因中介变量的存在而消失,主观规范做中介的完全模型如下:

$$\text{level}-1: \text{IIB}=\beta_{0j}+\beta_1\text{SNM}+\beta_2\text{SEX}+\beta_3\text{AGE}+e \tag{6.15}$$
$$\text{level}-2: \beta_{0j}=\gamma_{00}+\gamma_{01}\text{TPS}+\gamma_{02}\text{TSCAL}+\gamma_{03}\text{TINDY}+\gamma_{04}\text{FSCAL}+u_{0j}$$
$$\text{var}(e)=\sigma^2=\text{level}-1\text{的残差方差}$$
$$\text{var}(u_{0j})=\tau_{00}=\text{level}-2\text{截距残差方差}$$

上式中,IIB表示个人创新行为,SNM表示主观规范,SEX表示团队成员的性别,AGE

代表团队成员的年龄，TPS表示团队创新气氛的参与安全维度，TSCAL表示团队规模，TINDY表示团队所属行业，FSCAL表示团队所属企业的规模。

表6.20 主观规范对参与安全维度与个人创新行为的中介影响（固定效应）

步骤	因变量	模型	固定效应	系数	标准误	t值	p值
1	IIB	6.8	γ_{00}	3.743***	0.130	28.818	0.000
			γ_{01}	−0.015	0.034	−0.438	0.662
			γ_{02}	−0.020*	0.009	−2.229	0.027
			γ_{03}	0.022	0.012	1.811	0.071
		6.13	γ_{00}	2.078***	0.260	7.992	0.000
			γ_{01}	0.464***	0.062	7.432	0.000
			γ_{02}	−0.034	0.032	−1.060	0.291
			γ_{03}	−0.007	0.008	−0.979	0.329
			γ_{04}	0.011	0.010	1.051	0.295
2	SNM	6.10	γ_{00}	3.897***	0.173	22.478	0.000
			γ_{01}	0.001	0.046	0.004	0.997
			γ_{02}	−0.029***	0.011	−2.631	0.009
			γ_{03}	−0.031	0.018	−1.738	0.083
		6.14	γ_{00}	2.200***	0.354	6.216	0.000
			γ_{01}	0.472***	0.088	5.349	0.000
			γ_{02}	−0.019	0.045	−0.426	0.670
			γ_{03}	−0.016	0.010	−1.599	0.111
			γ_{04}	−0.042**	0.016	−2.661	0.009
3	IIB	6.15	γ_{00}	1.904***	0.256	7.426	0.000
			γ_{01}	0.344***	0.068	5.087	0.000
			γ_{02}	−0.032	0.030	−1.059	0.291
			γ_{03}	−0.001	0.007	−0.072	0.943
			γ_{04}	0.027*	0.011	2.437	0.016
			β_1	0.224***	0.033	6.753	0.000
			β_2	−0.147***	0.036	−4.033	0.000
			β_3	−0.036	0.022	−1.663	0.096

注1：IIB表示个人创新行为，SNM表示团队成员的主观规范。
注2：*$p<0.05$；**$p<0.01$；***$p<0.001$。

表6.21 主观规范对参与安全维度与个人创新行为的中介影响(随机效应)

步骤	因变量	模型	随机效应	方差	df	χ^2	p值
1	IIB	6.8	τ_{00}	0.064	238	441.088***	0.000
			σ^2	0.239			
		6.13	τ_{00}	0.035	237	348.007***	0.000
			σ^2	0.239			
2	SNM	6.10	τ_{00}	0.104	238	438.622***	0.000
			σ^2	0.390			
		6.14	τ_{00}	0.074	237	379.802***	0.000
			σ^2	0.391			
3	IIB	6.15	τ_{00}	0.036	236	358.179***	0.000
			σ^2	0.209			

注1:IIB表示个人创新行为,SNM表示团队成员的主观规范。
注2:τ_{00}=层次2中因变量的组间变异,σ^2=层次1中因变量的组内变异。
注3:***$p<0.001$。

利用以上预测模型得到的分析结果如表6.20和表6.21所示,可以看出在level-2截距残差变异(随机效应)也都是显著的。团队创新气氛的参与安全维度在控制了团队特征变量后对个人创新行为的影响依然显著($\gamma_{01}=0.464, p<0.001$),这就意味着团队创新气氛的参与安全维度对个人创新行为的产生有正向作用。同时,团队创新气氛的参与安全维度在控制了团队特征变量后对主观规范的影响也是显著的($\gamma_{01}=0.472, p<0.001$),这也意味着团队创新气氛的参与安全维度对主观规范的形成有正向作用。

在第三步分析中,层次2(level-2)加入团队控制变量团队规模、团队所属企业性质和团队所属企业规模,层次1(level-1)加入了个人变量主观规范、个体层次的性别和年龄控制变量后,团队创新气氛的参与安全维度对个人创新行为依然存在着显著的正向影响($\gamma_{01}=0.344, p<0.001$),并且其绝对值小于第一步分析中$\gamma_{01}$($\gamma_{01}=0.464, p<0.001$)的估计值,主观规范对于个人创新行为的作用并没有消失($\beta_1=0.224, p<0.001$),因此团队创新气氛的参与安全维度除了直接影响个人创新行为外,还通过主观规范的中介作用间接正向影响个人创新行为。

(三)主观规范对创新支持维度与个人创新行为的中介过程分析

第一步,个人创新行为的截距预测模型分析。为了便于分析控制变量的影响,首先用截距预测模型6.8进行个人创新行为只包含团队层次控制变量的分析。接着在层次2中加入团队创新气氛的创新支持维度,截距预测模型如下:

$$\text{level-1}:\text{IIB}=\beta_{0j}+e \tag{6.16}$$
$$\text{level-2}:\beta_{0j}=\gamma_{00}+\gamma_{01}\text{TSUP}+\gamma_{02}\text{TSCAL}+\gamma_{03}\text{TINDY}+\gamma_{04}\text{FSCAL}+u_{0j}$$
$$\text{var}(e)=\sigma^2=\text{level-1 的残差方差}$$
$$\text{var}(u_{0j})=\tau_{00}=\text{level-2 截距残差方差}$$

上式中,IIB 表示个人创新行为,TSUP 表示团队创新气氛的创新支持维度,TSCAL 表示团队规模,TINDY 和 FSCAL 分别表示团队所属企业的行业和规模。

第二步,主观规范的截距预测模型分析。为了便于分析控制变量的影响,首先利用截距预测模型6.10进行只包含团队层次控制变量的分析,接着在层次2中加入团队创新气氛的创新支持维度,其截距预测模型如下:

$$\text{level-1}:\text{SNM}=\beta_{0j}+e \tag{6.17}$$
$$\text{level-2}:\beta_{0j}=\gamma_{00}+\gamma_{01}\text{TSUP}+\gamma_{02}\text{TSCAL}+\gamma_{03}\text{TINDY}+\gamma_{04}\text{FSCAL}+u_{0j}$$
$$\text{var}(e)=\sigma^2=\text{level-1 的残差方差}$$
$$\text{var}(u_{0j})=\tau_{00}=\text{level-2 截距残差方差}$$

上式中,SNM 表示团队成员的主观规范,TSUP 表示团队创新气氛的创新支持维度,TSCAL 表示团队规模,TINDY 表示团队所属行业,FSCAL 表示团队所属企业的规模。

第三步,检验总体层次解释变量对结果变量的总效果是否因中介变量的存在而消失,主观规范做中介的完全模型如下:

$$\text{level-1}:\text{IIB}=\beta_{0j}+\beta_1\text{SNM}+\beta_2\text{SEX}+\beta_3\text{AGE}+e \tag{6.18}$$
$$\text{level-2}:\beta_{0j}=\gamma_{00}+\gamma_{01}\text{TSUP}+\gamma_{02}\text{TSCAL}+\gamma_{03}\text{TINDY}+\gamma_{04}\text{FSCAL}+u_{0j}$$
$$\text{var}(e)=\sigma^2=\text{level-1 的残差方差}$$
$$\text{var}(u_{0j})=\tau_{00}=\text{level-2 截距残差方差}$$

上式中,IIB 表示个人创新行为,SNM 表示主观规范,SEX 表示成员的性别,AGE 代表成员的年龄,TSUP 表示团队创新气氛的创新支持维度,TSCAL 表示团队规模,TINDY 表示团队所属行业,FSCAL 表示团队所属企业的规模。

表6.22 主观规范对创新支持维度与个人创新行为的中介影响(固定效应)

步骤	因变量	模型	固定效应	系数	标准误	t值	p值
1	IIB	6.8	γ_{00}	3.743***	0.130	28.818	0.000
			γ_{01}	−0.015	0.034	−0.438	0.662
			γ_{02}	−0.020*	0.009	−2.229	0.027
			γ_{03}	0.022	0.012	1.811	0.071

续表

步骤	因变量	模型	固定效应	系数	标准误	t值	p值
1	IIB	6.16	γ_{00}	2.024***	0.238	8.515	0.000
			γ_{01}	0.465***	0.056	8.362	0.000
			γ_{02}	−0.023	0.029	−0.798	0.426
			γ_{03}	−0.010	0.008	−1.295	0.197
			γ_{04}	0.011	0.010	1.093	0.276
2	SNM	6.10	γ_{00}	3.897***	0.173	22.478	0.000
			γ_{01}	0.001	0.046	0.004	0.997
			γ_{02}	−0.029***	0.011	−2.631	0.009
			γ_{03}	−0.031	0.018	−1.738	0.083
		6.17	γ_{00}	2.029***	0.344	5.907	0.000
			γ_{01}	0.505***	0.081	6.271	0.000
			γ_{02}	−0.009	0.045	−0.192	0.848
			γ_{03}	−0.019*	0.009	−2.048	0.041
			γ_{04}	−0.043**	0.015	−2.817	0.006
3	IIB	6.18	γ_{00}	1.865***	0.237	7.881	0.000
			γ_{01}	0.349***	0.059	5.960	0.000
			γ_{02}	−0.024	0.028	−0.863	0.389
			γ_{03}	−0.003	0.008	−0.314	0.754
			γ_{04}	0.026*	0.011	2.411	0.017
			β_1	0.216***	0.033	6.493	0.000
			β_2	−0.144***	0.036	−4.018	0.000
			β_3	−0.032	0.023	−1.434	0.152

注1：IIB表示个人创新行为，SNM表示团队成员的主观规范。
注2：*p<0.05，**p<0.01，***p<0.001。

表6.23 主观规范对创新支持维度与个人创新行为的中介影响（随机效应）

步骤	因变量	模型	随机效应	方差	df	χ^2	p值
1	IIB	6.8	τ_{00}	0.064	238	441.088***	0.000
			σ^2	0.239			
		6.16	τ_{00}	0.032	237	336.324***	0.000
			σ^2	0.238			

续表

步骤	因变量	模型	随机效应	方差	df	χ^2	p值
2	SNM	6.10	τ_{00}	0.104	238	438.622***	0.000
			σ^2	0.390			
		6.17	τ_{00}	0.064	237	360.501***	0.000
			σ^2	0.391			
3	IIB	6.18	τ_{00}	0.034	236	352.547***	0.000
			σ^2	0.208			

注1：IIB表示个人创新行为，SNM表示团队成员的主观规范。
注2：τ_{00}=层次2中因变量的组间变异，σ^2=层次1中因变量的组内变异。
注3：***$p<0.001$。

利用以上预测模型得到的分析结果如表6.22和表6.23所示，可以看出在level-2截距残差变异也都是显著的。团队创新气氛的创新支持维度在控制了团队特征变量后对个人创新行为的影响依然是显著的（$\gamma_{01}=0.465,p<0.001$），这就意味着团队创新气氛的创新支持维度对个人创新行为的产生有正向作用。同时，团队创新气氛的创新支持维度在控制了团队特征变量后对主观规范的影响也是显著的（$\gamma_{01}=0.505,p<0.001$），这也意味着团队创新气氛的创新支持维度对主观规范的产生有正向作用。

在第三步分析中，层次2(level-2)加入团队控制变量团队规模、团队所属企业性质和团队所属企业规模，层次1(level-1)加入个人变量主观规范、个体层次的性别和年龄控制变量后，团队创新气氛的创新支持维度对个人创新行为依然存在着积极而显著的影响（$\gamma_{01}=0.349,p<0.001$），并且其绝对值小于第一步分析中$\gamma_{01}$（$\gamma_{01}=0.465,p<0.001$）的估计值，主观规范对个人创新行为的作用并没有消失（$\beta_1=0.216,p<0.001$），因此，团队创新气氛的创新支持维度除了直接影响个人创新行为外，还通过主观规范间接正向影响个人创新行为。

（四）小结

本小节主要分析了主观规范对团队创新气氛各维度与个人创新行为的中介效应，结果表明团队创新气氛的愿景、参与安全以及创新支持维度都是通过主观规范对个人创新行为具有跨层次的正向影响效果。即意味着团队创新气氛正向影响个人创新行为，团队创新气氛正向影响创新活动的主观规范，团队创新气氛通过主观规范的中介作用间接正向影响个人创新行为。因此，本书的假设5、假设9、假设10、假设11同时得到了验证。

二、自我效能感对团队创新气氛与个人创新行为的中介效应

(一)自我效能感对愿景维度与个人创新行为的中介过程分析

第一步,个人创新行为的截距预测模型分析。为了便于分析控制变量的影响,首先利用截距预测模型6.8进行个人创新行为只包含团队层次控制变量的分析,接着在层次2中加入团队创新气氛的愿景维度,如截距预测模型6.9所示。

第二步,自我效能感的截距预测模型分析。为了便于分析控制变量的影响,首先进行只包含团队层次控制变量的分析,其截距预测模型如下:

$$\text{level-1}: \text{SEF} = \beta_{0j} + e \qquad (6.19)$$
$$\text{level-2}: \beta_{0j} = \gamma_{00} + \gamma_{01}\text{TSCAL} + \gamma_{02}\text{TINDY} + \gamma_{03}\text{FSCAL} + u_{0j}$$
$$\text{var}(e) = \sigma^2 = \text{level-1 的残差方差}$$
$$\text{var}(u_{0j}) = \tau_{00} = \text{level-2 截距残差方差}$$

接着在层次2中加入团队创新气氛愿景维度,其截距预测模型如下:

$$\text{level-1}: \text{SEF} = \beta_{0j} + e \qquad (6.20)$$
$$\text{level-2}: \beta_{0j} = \gamma_{00} + \gamma_{01}\text{TVION} + \gamma_{02}\text{TSCAL} + \gamma_{03}\text{TINDY} + \gamma_{04}\text{FSCAL} + u_{0j}$$
$$\text{var}(e) = \sigma^2 = \text{level-1 的残差方差}$$
$$\text{var}(u_{0j}) = \tau_{00} = \text{level-2 截距残差方差}$$

上式中,SEF表示团队成员的自我效能感,TVION表示团队创新气氛的愿景维度,TSCAL表示团队规模,TINDY表示团队所属行业,FSCAL表示团队所属企业的规模。

第三步,检验总体层次解释变量对结果变量的总效果是否因中介变量的存在而消失,自我效能感做中介的完全模型如下:

$$\text{level-1}: \text{IIB} = \beta_{0j} + \beta_1\text{SEF} + \beta_2\text{SEX} + \beta_3\text{AGE} + e \qquad (6.21)$$
$$\text{level-2}: \beta_{0j} = \gamma_{00} + \gamma_{01}\text{TVION} + \gamma_{02}\text{TSCAL} + \gamma_{03}\text{TINDY} + \gamma_{04}\text{FSCAL} + u_{0j}$$
$$\text{var}(e) = \sigma^2 = \text{level-1 的残差方差}$$
$$\text{var}(u_{0j}) = \tau_{00} = \text{level-2 截距残差方差}$$

上式中,IIB表示个人创新行为,SEF表示自我效能感,SEX表示团队成员的性别,AGE代表团队成员的年龄,TVION表示团队创新气氛的愿景维度,TSCAL表示团队规模,TINDY表示团队所属行业,FSCAL表示团队所属企业的规模。

表6.24 自我效能感对愿景维度与个人创新行为的中介影响(固定效应)

步骤	因变量	模型	固定效应	系数	标准误	t值	p值
1	IIB	6.8	γ_{00}	3.743***	0.130	28.818	0.000
			γ_{01}	−0.015	0.034	−0.438	0.662
			γ_{02}	−0.020*	0.009	−2.229	0.027
			γ_{03}	0.022	0.012	1.811	0.071
		6.9	γ_{00}	1.996***	0.251	7.939	0.000
			γ_{01}	0.490***	0.060	8.182	0.000
			γ_{02}	−0.055	0.030	−1.808	0.071
			γ_{03}	−0.008	0.007	−1.183	0.238
			γ_{04}	0.015	0.010	1.460	0.146
2	SEF	6.19	γ_{00}	3.776***	0.122	31.054	0.000
			γ_{01}	−0.001	0.028	−0.027	0.979
			γ_{02}	−0.016	0.010	−1.648	0.100
			γ_{03}	0.006	0.014	0.438	0.661
		6.20	γ_{00}	2.449***	0.246	9.975	0.000
			γ_{01}	0.372***	0.067	5.580	0.000
			γ_{02}	−0.031	0.027	−1.141	0.256
			γ_{03}	−0.007	0.009	−0.817	0.415
			γ_{04}	0.001	0.011	0.042	0.967
3	IIB	6.21	γ_{00}	0.918***	0.215	4.268	0.000
			γ_{01}	0.297***	0.054	5.502	0.000
			γ_{02}	−0.041	0.024	−1.730	0.084
			γ_{03}	−0.001	0.007	−0.206	0.837
			γ_{04}	0.030**	0.010	3.101	0.003
			β_1	0.533***	0.038	13.880	0.000
			β_2	−0.092**	0.031	−2.967	0.004
			β_3	−0.080***	0.019	−4.230	0.000

注1：IIB表示个人创新行为，SEF表示团队成员的自我效能感。
注2：*$p<0.05$，**$p<0.01$，***$p<0.001$。

表6.25 自我效能感对愿景维度与个人创新行为的中介影响（随机效应）

步骤	因变量	模型	随机效应	方差	df	χ^2	P值
1	IIB	6.8	τ_{00}	0.064	238	441.088***	0.000
			σ^2	0.239			
		6.9	τ_{00}	0.031	237	334.813***	0.000
			σ^2	0.239			
2	SEF	6.19	τ_{00}	0.055	238	395.419***	0.000
			σ^2	0.260			
		6.20	τ_{00}	0.035	237	337.448***	0.000
			σ^2	0.260			
3	IIB	6.21	τ_{00}	0.028	236	370.647***	0.000
			σ^2	0.152			

注1：IIB表示个人创新行为，SEF表示团队成员的自我效能感。
注2：τ_{00}=层次2中因变量的组间变异，σ^2=层次1中因变量的组内变异。
注3：***$p<0.001$。

利用以上跨层次模型得到的分析结果如表6.24和表6.25所示，可以看出在level-2截距残差变异也都是显著的。团队创新气氛的愿景维度在控制了团队变量后对个人创新行为的影响依然是显著的（$\gamma_{01}=0.490, p<0.001$），同时，团队创新气氛的愿景维度在控制了团队变量后对自我效能感的影响也是显著的（$\gamma_{01}=0.372, p<0.001$），这就意味着团队创新气氛的愿景维度对自我效能感的产生有正向作用。

在第三步分析中，层次2（level-2）加入团队控制变量团队规模、团队所属企业性质和团队所属企业规模，层次1（level-1）加入了个人变量自我效能感、个体层次的性别和年龄控制变量后，团队创新气氛的愿景维度对个人创新行为依然存在着积极而显著的影响（$\gamma_{01}=0.297, p<0.001$），并且其绝对值小于第一步分析中$\gamma_{01}$（$\gamma_{01}=0.490, p<0.001$）的估计值，自我效能感对于个人创新行为的作用并没有消失（$\beta_1=0.533, p<0.001$），因此，团队创新气氛的愿景维度除了直接影响个人创新行为外，还通过自我效能感的中介作用间接正向影响个人创新行为。

（二）自我效能感对参与安全维度与个人创新行为的中介过程分析

第一步，个人创新行为的截距预测模型分析。为了便于分析控制变量的影响，首先利用截距预测模型6.8进行只包含团队层次控制变量的分析，接着在层次2中加入团队创新气氛参与安全维度，如截距预测模型6.13所示。

第二步,自我效能感的截距预测模型分析。为了便于分析控制变量的影响,首先进行只包含团队层次控制变量的分析,如截距预测模型6.19所示,接着在层次2中加入团队创新气氛的参与安全维度,其截距预测模型如下:

$$\text{level-1}: \text{SEF} = \beta_{0j} + e \qquad (6.22)$$

$$\text{level-2}: \beta_{0j} = \gamma_{00} + \gamma_{01}\text{TPS} + \gamma_{02}\text{TSCAL} + \gamma_{03}\text{TINDY} + \gamma_{04}\text{FSCAL} + u_{0j}$$

$$\text{var}(e) = \sigma^2 = \text{level-1 的残差方差}$$

$$\text{var}(u_{0j}) = \tau_{00} = \text{level-2 截距残差方差}$$

上式中,SEF表示自我效能感,TPS表示创新气氛的参与安全维度,TSCAL表示团队规模,TINDY表示团队所属行业,FSCAL表示团队所属企业的规模。

第三步,检验总体层次解释变量对结果变量的总效果是否因中介变量的存在而消失,自我效能感做中介的完全模型如下:

$$\text{level-1}: \text{IIB} = \beta_{0j} + \beta_1\text{SEF} + \beta_2\text{SEX} + \beta_3\text{AGE} + e \qquad (6.23)$$

$$\text{level-2}: \beta_{0j} = \gamma_{00} + \gamma_{01}\text{TPS} + \gamma_{02}\text{TSCAL} + \gamma_{03}\text{TINDY} + \gamma_{04}\text{FSCAL} + u_{0j}$$

$$\text{var}(e) = \sigma^2 = \text{level-1 的残差方差}$$

$$\text{var}(u_{0j}) = \tau_{00} = \text{level-2 截距残差方差}$$

上式中,IIB表示个人创新行为,SEF表示自我效能感,SEX表示团队成员的性别,AGE代表团队成员的年龄,TPS表示团队创新气氛的参与安全维度,TSCAL表示团队规模,TINDY表示团队所属行业,FSCAL表示团队所属企业的规模。

表6.26 自我效能感对参与安全维度与个人创新行为的中介影响(固定效应)

步骤	因变量	模型	固定效应	系数	标准误	t值	p值
1	IIB	6.8	γ_{00}	3.743***	0.130	28.818	0.000
			γ_{01}	−0.015	0.034	−0.438	0.662
			γ_{02}	−0.020*	0.009	−2.229	0.027
			γ_{03}	0.022	0.012	1.811	0.071
		6.13	γ_{00}	2.078***	0.260	7.992	0.000
			γ_{01}	0.464***	0.062	7.432	0.000
			γ_{02}	−0.034	0.032	−1.060	0.291
			γ_{03}	−0.007	0.008	−0.979	0.329
			γ_{04}	0.011	0.010	1.051	0.295

续表

步骤	因变量	模型	固定效应	系数	标准误	t值	p值
2	SEF	6.19	γ_{00}	3.776***	0.122	31.054	0.000
			γ_{01}	−0.001	0.028	−0.027	0.979
			γ_{02}	−0.016	0.010	−1.648	0.100
			γ_{03}	0.006	0.014	0.438	0.661
		6.22	γ_{00}	2.764***	0.265	10.450	0.000
			γ_{01}	0.282***	0.070	4.043	0.000
			γ_{02}	−0.012	0.027	−0.455	0.649
			γ_{03}	−0.008	0.009	−0.913	0.363
			γ_{04}	−0.001	0.012	−0.062	0.951
3	IIB	6.23	γ_{00}	0.892***	0.232	3.847	0.000
			γ_{01}	0.293***	0.057	5.165	0.000
			γ_{02}	−0.030	0.025	−1.197	0.233
			γ_{03}	0.000	0.007	−0.051	0.959
			γ_{04}	0.025*	0.010	2.568	0.011
			β_1	0.542***	0.038	14.452	0.000
			β_2	−0.097**	0.031	−3.103	0.002
			β_3	−0.069***	0.018	−3.768	0.000

注1:IIB表示个人创新行为,SEF表示团队成员的自我效能感。
注2:*p<0.05,**p<0.01,***p<0.001

表6.27 自我效能感对参与安全维度与个人创新行为的中介影响(随机效应)

步骤	因变量	模型	随机效应	方差	df	χ^2	p值
1	IIB	6.8	τ_{00}	0.064	238	441.088***	0.000
			σ^2	0.239			
		6.13	τ_{00}	0.035	237	348.007***	0.000
			σ^2	0.239			
2	SEF	6.19	τ_{00}	0.055	238	395.419***	0.000
			σ^2	0.260			
		6.22	τ_{00}	0.044	237	363.232***	0.000
			σ^2	0.260			
3	IIB	6.23	τ_{00}	0.029	236	374.997***	0.000
			σ^2	0.152			

注1:IIB表示个人创新行为,SEF表示团队成员的自我效能感。
注2:τ_{00} = 层次2中因变量的组间变异,σ^2 =层次1中因变量的组内变异。
注3:***p<0.001。

利用以上跨层次模型得到的分析结果如表6.26和表6.27所示,可以看出在level-2截距残差变异也都是显著的。团队创新气氛的参与安全维度在控制了团队变量后对个人创新行为的影响依然是显著的($\gamma_{01}=0.464, p<0.001$),同时,团队创新气氛的参与安全维度在控制了团队变量后对自我效能感的影响也是显著的($\gamma_{01}=0.282, p<0.001$),这也意味着团队创新气氛的参与安全维度对主观规范的产生有正向作用。

在第三步分析中,层次2(level-2)加入团队控制变量团队规模、团队所属企业性质和团队所属企业规模,层次1(level-1)加入了个人变量自我效能感、个体层次的性别和年龄控制变量后,团队创新气氛的参与安全维度对个人创新行为依然存在着积极而显著的影响($\gamma_{01}=0.293, p<0.001$),并且其绝对值小于第一步分析中$\gamma_{01}$($\gamma_{01}=0.464, p<0.001$)的估计值,自我效能感对个人创新行为的作用并没有消失($\beta_1=0.542, p<0.001$),因此,团队创新气氛的参与安全维度除了直接影响个人创新行为外,还通过自我效能感的中介间接正向影响个人创新行为。

(三)自我效能感对创新支持维度与个人创新行为的中介过程分析

第一步,个人创新行为的截距预测模型分析。为了便于分析控制变量的影响,首先利用截距预测模型6.8进行只包含团队层次控制变量的分析,接着在层次2中加入团队创新气氛创新支持维度,如截距预测模型6.16所示。

第二步,自我效能感的截距预测模型分析。为了便于分析控制变量的影响,首先进行只包含团队层次控制变量的分析,如截距预测模型6.19所示,接着在层次2中加入团队创新气氛的创新支持维度,其截距预测模型如下:

$$\text{level-1}: \text{SEF} = \beta_{0j} + e \tag{6.24}$$

$$\text{level-2}: \beta_{0j} = \gamma_{00} + \gamma_{01}\text{TSUP} + \gamma_{02}\text{TSCAL} + \gamma_{03}\text{TINDY} + \gamma_{04}\text{FSCAL} + u_{0j}$$

$$\text{var}(e) = \sigma^2 = \text{level-1 的残差方差}$$

$$\text{var}(u_{0j}) = \tau_{00} = \text{level-2 截距残差方差}$$

上式中,SEF表示自我效能感,TSUP表示团队创新气氛的创新支持维度,TSCAL表示团队规模,TINDY和FSCAL分别表示团队所属企业的行业和规模。

第三步,检验总体层次解释变量对结果变量的总效果是否因中介变量的存在而消失,自我效能感变量做中介的完全模型6.25如下:

$$\text{level-1}: \text{IIB} = \beta_{0j} + \beta_1\text{SEF} + \beta_2\text{SEX} + \beta_3\text{AGE} + e \tag{6.25}$$

$$\text{level-2}: \beta_{0j} = \gamma_{00} + \gamma_{01}\text{TSUP} + \gamma_{02}\text{TSCAL} + \gamma_{03}\text{TINDY} + \gamma_{04}\text{FSCAL} + u_{0j}$$

$$\text{var}(e) = \sigma^2 = \text{level-1 的残差方差}$$

$$\text{var}(u_{0j}) = \tau_{00} = \text{level-2 截距残差方差}$$

上式中,IIB表示个人创新行为,SEF表示自我效能感,SEX表示性别,AGE代表团队成员的年龄,TSUP表示团队创新气氛的创新支持维度,TSCAL表示团队规模,TINDY表示团队所属行业,FSCAL表示团队所属企业的规模。

表6.28 自我效能感对创新支持维度与个人创新行为的中介影响(固定效应)

步骤	因变量	模型	固定效应	系数	标准误	t值	p值
1	IIB	6.8	γ_{00}	3.743***	0.130	28.818	0.000
			γ_{01}	−0.015	0.034	−0.438	0.662
			γ_{02}	−0.020*	0.009	−2.229	0.027
			γ_{03}	0.022	0.012	1.811	0.071
		6.16	γ_{00}	2.024***	0.238	8.515	0.000
			γ_{01}	0.465***	0.056	8.362	0.000
			γ_{02}	−0.023	0.029	−0.798	0.426
			γ_{03}	−0.010	0.008	−1.295	0.197
			γ_{04}	0.011	0.010	1.093	0.276
2	SEF	6.19	γ_{00}	3.776***	0.122	31.054	0.000
			γ_{01}	−0.001	0.028	−0.027	0.979
			γ_{02}	−0.016	0.010	−1.648	0.100
			γ_{03}	0.006	0.014	0.438	0.661
		6.24	γ_{00}	2.439***	0.246	9.916	0.000
			γ_{01}	0.362***	0.063	5.726	0.000
			γ_{02}	−0.007	0.027	−0.264	0.792
			γ_{03}	−0.009	0.009	−0.975	0.331
			γ_{04}	−0.003	0.012	−0.217	0.828
3	IIB	6.25	γ_{00}	1.002***	0.234	4.284	0.000
			γ_{01}	0.260***	0.049	5.347	0.000
			γ_{02}	−0.022	0.023	−0.965	0.336
			γ_{03}	−0.003	0.008	−0.365	0.715
			γ_{04}	0.026**	0.010	2.672	0.008
			β_1	0.534***	0.038	13.983	0.000
			β_2	−0.096**	0.031	−3.085	0.003
			β_3	−0.067***	0.019	−3.462	0.001

注1:IIB表示个人创新行为,SEF表示团队成员的自我效能感。
注2:*$p<0.05$,**$p<0.01$,***$p<0.001$。

表6.29　自我效能感对创新支持维度与个人创新行为的中介影响（随机效应）

步骤	因变量	模型	随机效应	方差	df	χ^2	p值
1	IIB	6.8	τ_{00}	0.064	238	441.088***	0.000
			σ^2	0.239			
		6.16	τ_{00}	0.032	237	336.324***	0.000
			σ^2	0.238			
2	SEF	6.19	τ_{00}	0.055	238	395.419***	0.000
			σ^2	0.260			
		6.24	τ_{00}	0.034	237	335.450***	0.000
			σ^2	0.260			
3	IIB	6.25	τ_{00}	0.031	236	383.568***	0.000
			σ^2	0.151			

注1：IIB表示个人创新行为，SEF表示团队成员的自我效能感。
注2：τ_{00}=层次2中因变量的组间变异，σ^2=层次1中因变量的组内变异。
注3：***$p<0.001$。

利用以上跨层次模型得到的分析结果如表6.28和表6.29所示，可以看出团队创新气氛的创新支持维度在控制了团队特征变量后对个人创新行为的影响依然是显著的（γ_{01}=0.465，$p<0.001$），这就意味着团队创新气氛的创新支持维度对个人创新行为的产生有正向作用。同时，团队创新气氛的创新支持维度在控制了团队特征变量后对自我效能感的影响也是显著的（γ_{01}=0.362，$p<0.001$），这也意味着团队创新气氛的创新支持维度对自我效能感的产生有正向作用。在第三步分析分析中，层次2（level-1）加入团队控制变量团队规模、团队所属企业性质和团队所属企业规模，层次1（level-1）加入个人变量自我效能感、个体层次的性别和年龄控制变量后，团队创新气氛的创新支持维度对个人创新行为依然存在着积极而显著的影响（γ_{01}=0.260，$p<0.001$），并且其绝对值小于第一步分析中γ_{01}（γ_{01}=0.465，$p<0.001$）的估计值，自我效能感对个人创新行为的作用并没有消失（β_1=0.534，$p<0.001$），团队创新气氛的创新支持维度除了直接影响个人创新行为外，还通过自我效能感的中介作用间接正向影响个人创新行为。

（四）小结

本小节主要分析了自我效能感对团队创新气氛各维度与个人创新行为的中介分析，结果表明团队创新气氛的愿景、参与安全以及创新支持维度都是通过自我效能感对个人创新行为具有跨层次的正向影响效果。即意味着团队创新气氛正向影响个人创新行为，团队创新气氛正向影响创新活动的主观规范，团队创新气氛还通过自我效能感的中介作用间接正向影响个人创新行为。因此，本书的假设5再次得到验证，假设6、假设7、假设8

在本小节的研究中也同时得到了验证。

三、主观规范对团队互动过程与个人创新行为的中介效应

(一)主观规范对结构维度与个人创新行为的中介过程分析

第一步,个人创新行为的截距预测模型分析。为了便于分析控制变量的影响,首先利用截距预测模型6.8进行只包含团队层次控制变量的分析,接着在层次2中加入团队结构互动维度,其截距预测模型如下:

$$\text{level-1}: \text{IIB} = \beta_{0j} + e \tag{6.26}$$

$$\text{level-2}: \beta_{0j} = \gamma_{00} + \gamma_{01}\text{TSIP} + \gamma_{02}\text{TSCAL} + \gamma_{03}\text{TINDY} + \gamma_{04}\text{FSCAL} + u_{0j}$$

$$\text{var}(e) = \sigma^2 = \text{level-1 的残差方差}$$

$$\text{var}(u_{0j}) = \tau_{00} = \text{level-2 截距残差方差}$$

上式中,IIB表示个人创新行为,TSIP表示团队互动过程结构维度,TSCAL表示团队规模,TINDY表示团队所属行业,FSCAL表示团队所属企业的规模。

第二步,主观规范的截距预测模型分析。为了便于分析控制变量的影响,首先进行只包含团队层次控制变量的分析,如截距预测模型6.10所示,接着在层次2中加入团队互动过程结构维度,其截距预测模型如下:

$$\text{level-1}: \text{SNM} = \beta_{0j} + e \tag{6.27}$$

$$\text{level-2}: \beta_{0j} = \gamma_{00} + \gamma_{01}\text{TSIP} + \gamma_{02}\text{TSCAL} + \gamma_{03}\text{TINDY} + \gamma_{04}\text{FSCAL} + u_{0j}$$

$$\text{var}(e) = \sigma^2 = \text{level-1 的残差方差}$$

$$\text{var}(u_{0j}) = \tau_{00} = \text{level-2 截距残差方差}$$

上式中,SNM表示团队成员的主观规范,TSIP表示团队互动过程结构维度,TSCAL表示团队规模,TINDY表示团队所属行业,FSCAL表示团队所属企业的规模。

第三步,检验总体层次解释变量对结果变量的总效果是否因中介变量的存在而消失。主观规范做中介的完全模型如下:

$$\text{level-1}: \text{IIB} = \beta_{0j} + \beta_1\text{SNM} + \beta_2\text{SEX} + \beta_3\text{AGE} + e \tag{6.28}$$

$$\text{level-2}: \beta_{0j} = \gamma_{00} + \gamma_{01}\text{TSIP} + \gamma_{02}\text{TSCAL} + \gamma_{03}\text{TINDY} + \gamma_{04}\text{FSCAL} + u_{0j}$$

$$\text{var}(e) = \sigma^2 = \text{level-1 的残差方差}$$

$$\text{var}(u_{0j}) = \tau_{00} = \text{level-2 截距残差方差}$$

上式中,IIB表示个人创新行为,SNM表示主观规范,SEX表示团队成员的性别,AGE代表团队成员的年龄,TSIP表示团队互动过程结构维度,TSCAL表示团队规模,TINDY表示团队所属行业,FSCAL表示团队所属企业的规模。

表6.30 主观规范对结构维度与个人创新行为的中介影响(固定效应)

步骤	因变量	模型	固定效应	系数	标准误	t值	p值
1	IIB	6.8	γ_{00}	3.743***	0.130	28.818	0.000
			γ_{01}	−0.015	0.034	−0.438	0.662
			γ_{02}	−0.020*	0.009	−2.229	0.027
			γ_{03}	0.022	0.012	1.811	0.071
		6.26	γ_{00}	2.155***	0.238	9.053	0.000
			γ_{01}	0.440***	0.057	7.646	0.000
			γ_{02}	−0.038	0.030	−1.246	0.214
			γ_{03}	−0.009	0.008	−1.163	0.247
			γ_{04}	0.022*	0.010	2.229	0.027
2	SNM	6.10	γ_{00}	3.897***	0.173	22.478	0.000
			γ_{01}	0.001	0.046	0.004	0.997
			γ_{02}	−0.029***	0.011	−2.631	0.009
			γ_{03}	−0.031	0.018	−1.738	0.083
		6.27	γ_{00}	2.001***	0.299	6.702	0.000
			γ_{01}	0.525***	0.075	6.977	0.000
			γ_{02}	−0.027	0.042	−0.656	0.512
			γ_{03}	−0.016	0.010	−1.653	0.099
			γ_{04}	−0.031*	0.015	−2.061	0.040
3	IIB	6.28	γ_{00}	2.012***	0.246	8.163	0.000
			γ_{01}	0.323***	0.060	5.406	0.000
			γ_{02}	−0.034	0.029	−1.174	0.242
			γ_{03}	−0.002	0.008	−0.273	0.785
			γ_{04}	0.035***	0.011	3.310	0.001
			β_1	0.212***	0.034	6.303	0.000
			β_2	−0.143***	0.035	−4.037	0.000
			β_3	−0.036	0.022	−1.677	0.093

注1：IIB表示个人创新行为，SNM表示团队成员的主观规范。
注2：*$p<0.05$，**$p<0.01$，***$p<0.001$。

表6.31 主观规范对结构维度与个人创新行为的中介影响(随机效应)

步骤	因变量	模型	随机效应	方差	df	χ^2	p值
1	IIB	6.8	τ_{00}	0.064	238	441.088***	0.000
			σ^2	0.239			
		6.26	τ_{00}	0.030	237	333.045***	0.000
			σ^2	0.239			
2	SNM	6.10	τ_{00}	0.104	238	438.622***	0.000
			σ^2	0.390			
		6.27	τ_{00}	0.054	237	342.838***	0.000
			σ^2	0.392			
3	IIB	6.28	τ_{00}	0.034	236	351.910***	0.000
			σ^2	0.209			

注:IIB表示个人创新行为,SNM表示团队成员的主观规范,τ_{00}=层次2中因变量的组间变异,σ^2=层次1中因变量的组内变异,***$p<0.001$。

利用以上跨层次模型得到的分析结果如表6.30和表6.31所示,可以看出在level-2截距残差变异也都是显著的。团队互动过程的结构维度在控制了团队特征变量后对个人创新行为的影响依然是显著的($\gamma_{01}=0.440,p<0.001$),这就意味着团队互动过程的结构维度对个人创新行为的产生有正向作用。同时,团队互动过程结构维度在控制了团队特征变量后对主观规范的影响也是显著的($\gamma_{01}=0.525,p<0.001$),这也意味着团队互动过程的结构维度对主观规范的产生有正向作用。

在第三步分析中,层次2(level-2)加入团队控制变量团队规模、团队所属企业性质和团队所属企业规模,层次1(level-1)加入个人变量主观规范、个体层次的性别和年龄控制变量后,团队互动过程结构维度对个人创新行为依然存在着积极而显著的影响($\gamma_{01}=0.323,p<0.001$),并且其绝对值小于第一步分析中$\gamma_{01}$($\gamma_{01}=0.440,p<0.001$)的估计值,主观规范对个人创新行为的作用并没有消失($\beta_1=0.212,p<0.001$),因此,团队互动过程的结构维度除了直接影响个人创新行为外,还通过主观规范的中介作用间接正向影响个人创新行为。

(二)主观规范对人际维度与个人创新行为的中介过程分析

第一步,个人创新行为的截距预测模型分析。为了便于分析控制变量的影响,首先利用截距预测模型6.8进行只包含团队层次控制变量的分析。接着在层次2中加入团队人际互动维度,其截距预测模型如下:

$$\text{level-1}: \text{IIB} = \beta_{0j} + e \tag{6.29}$$

$$\text{level-2}: \beta_{0j} = \gamma_{00} + \gamma_{01}\text{TRIP} + \gamma_{02}\text{TSCAL} + \gamma_{03}\text{TINDY} + \gamma_{04}\text{FSCAL} + u_{0j}$$

$$\text{var}(e) = \sigma^2 = \text{level-1 的残差方差}$$

$$\text{var}(u_{0j}) = \tau_{00} = \text{level-2 截距残差方差}$$

上式中，IIB 表示个人创新行为，TRIP 表示团队互动过程人际维度，TSCAL 表示团队规模，TINDY 表示团队所属行业，FSCAL 表示团队所属企业的规模。

第二步，主观规范的截距预测模型分析。为了便于控制团队特征变量的影响，首先进行只包含团队层次控制变量的分析，如截距预测模型 6.10 所示。接着在层次 2 中加入团队互动过程人际维度，其截距预测模型如下：

$$\text{level-1}: \text{SNM} = \beta_{0j} + e \tag{6.30}$$

$$\text{level-2}: \beta_{0j} = \gamma_{00} + \gamma_{01}\text{TRIP} + \gamma_{02}\text{TSCAL} + \gamma_{03}\text{TINDY} + \gamma_{04}\text{FSCAL} + u_{0j}$$

$$\text{var}(e) = \sigma^2 = \text{level-1 的残差方差}$$

$$\text{var}(u_{0j}) = \tau_{00} = \text{level-2 截距残差方差}$$

上式中，SNM 表示主观规范，TRIP 表示团队互动过程人际维度，TSCAL 表示团队规模，TINDY 表示团队所属行业，FSCAL 表示团队所属企业的规模。

第三步，检验总体层次解释变量对结果变量的总效果是否因中介变量的存在而消失。主观规范做中介的完全模型如下：

$$\text{level-1}: \text{IIB} = \beta_{0j} + \beta_1\text{SNM} + \beta_2\text{SEX} + \beta_3\text{AGE} + e \tag{6.31}$$

$$\text{level-2}: \beta_{0j} = \gamma_{00} + \gamma_{01}\text{TRIP} + \gamma_{02}\text{TSCAL} + \gamma_{03}\text{TINDY} + \gamma_{04}\text{FSCAL} + u_{0j}$$

$$\text{var}(e) = \sigma^2 = \text{level-1 的残差方差}$$

$$\text{var}(u_{0j}) = \tau_{00} = \text{level-2 截距残差方差}$$

上式中，IIB 表示个人创新行为，SNM 表示主观规范，SEX 表示团队成员的性别，AGE 代表团队成员的年龄，TRIP 表示团队互动过程人际维度，TSCAL 表示团队规模，TINDY 表示团队所属行业，FSCAL 表示团队所属企业的规模。

表6.32 主观规范对人际维度与个人创新行为的中介影响（固定效应）

步骤	因变量	模型	固定效应	系数	标准误	t值	p值
1	IIB	6.8	γ_{00}	3.743***	0.130	28.818	0.000
			γ_{01}	−0.015	0.034	−0.438	0.662
			γ_{02}	−0.020*	0.009	−2.229	0.027
			γ_{03}	0.022	0.012	1.811	0.071

续表

步骤	因变量	模型	固定效应	系数	标准误	t值	p值
1	IIB	6.29	γ_{00}	2.856***	0.246	11.630	0.000
			γ_{01}	0.226***	0.054	4.181	0.000
			γ_{02}	−0.025	0.033	−0.740	0.460
			γ_{03}	−0.013	0.009	−1.425	0.156
			γ_{04}	0.039**	0.013	3.026	0.003
2	SNM	6.10	γ_{00}	3.897***	0.173	22.478	0.000
			γ_{01}	0.001	0.046	0.004	0.997
			γ_{02}	−0.029***	0.011	−2.631	0.009
			γ_{03}	−0.031	0.018	−1.738	0.083
		6.30	γ_{00}	2.405***	0.351	6.848	0.000
			γ_{01}	0.380***	0.079	4.783	0.000
			γ_{02}	−0.016	0.042	−0.383	0.701
			γ_{03}	−0.017	0.010	−1.677	0.094
			γ_{04}	−0.002	0.018	−0.130	0.897
3	IIB	6.31	γ_{00}	2.580***	0.253	10.182	0.000
			γ_{01}	0.116*	0.058	2.007	0.046
			γ_{02}	−0.021	0.031	−0.686	0.493
			γ_{03}	−0.006	0.008	−0.681	0.496
			γ_{04}	0.045***	0.013	3.423	0.001
			β_1	0.245***	0.034	7.165	0.000
			β_2	−0.138***	0.036	−3.790	0.000
			β_3	−0.035	0.023	−1.510	0.131

注1：IIB表示个人创新行为，SNM表示团队成员的主观规范。
注2：*p<0.05，**p<0.01，***p<0.001。

表6.33 主观规范对人际维度与个人创新行为的中介影响(随机效应)

步骤	因变量	模型	随机效应	方差	df	χ^2	p值
1	IIB	6.8	τ_{00}	0.064	238	441.088***	0.000
			σ^2	0.239			
		6.29	τ_{00}	0.055	237	411.213***	0.000
			σ^2	0.238			
2	SNM	6.10	τ_{00}	0.104	238	438.622***	0.000
			σ^2	0.390			
		6.30	τ_{00}	0.076	237	383.992***	0.000
			σ^2	0.391			
3	IIB	6.31	τ_{00}	0.049	236	405.185***	0.000
			σ^2	0.209			

注1:IIB表示个人创新行为,SNM表示团队成员的主观规范。
注2:τ_{00}=层次2中因变量的组间变异,σ^2=层次1中因变量的组内变异。
注3:***$p<0.001$。

利用以上跨层次模型得到的分析结果如表6.32和表6.33所示,可以看出在level-2截距残差变异也都是显著的。团队互动过程的人际维度在控制了团队特征变量后对个人创新行为的影响依然是显著的(γ_{01}=0.226,$p<0.001$),这就意味着团队互动过程的人际维度对个人创新行为的产生有正向作用。同时,团队互动过程的人际维度在控制了团队特征变量后对主观规范的影响也是显著的(γ_{01}=0.380,$p<0.001$),这意味着团队互动过程的人际维度对主观规范也有正向作用。在第三步分析中,层次2(level-2)加入团队控制变量团队规模、团队所属企业性质和团队所属企业规模,层次1(level-1)加入个人变量主观规范、个体层次的性别和年龄控制变量后,团队互动过程人际维度对个人创新行为依然存在着积极而显著的影响(γ_{01}=0.116,$p<0.05$),并且其绝对值小于第一步分析中γ_{01}(γ_{01}=0.226,$p<0.001$)的估计值,主观规范对个人创新行为的作用并没有消失(β_1=0.245,$p<0.001$),因此,团队互动过程的人际维度除了直接影响个人创新行为外,还通过主观规范的中介间接正向影响个人创新行为。

(三)小结

本小节的分析结果表明团队互动过程的结构维度和人际维度都是通过主观规范对个人创新行为具有跨层次的正向影响效果,即意味着团队互动过程正向影响个人创新行为,团队互动过程正向影响创新活动的主观规范,团队互动过程通过主观规范的中介作用间接正向影响个人创新行为。因此,本书的假设12、假设15、假设16得到了验证。

四、自我效能感对团队互动过程与个人创新行为的中介效应

(一)自我效能感对结构维度与个人创新行为的中介过程分析

第一步,个人创新行为的截距预测模型分析。为了便于分析控制变量的影响,首先利用截距预测模型6.8进行只包含团队层次控制变量的分析。接着在层次2中加入团队结构互动维度,其截距预测模型6.26所示。

第二步,自我效能感的截距预测模型分析。为了便于分析控制变量的影响,首先进行只包含团队层次控制变量的分析,如截距预测模型6.19所示,接着在层次2中加入团队互动过程结构维度,其截距预测模型如下:

$$\text{level-1}: \text{SEF} = \beta_{0j} + e \quad (6.32)$$
$$\text{level-2}: \beta_{0j} = \gamma_{00} + \gamma_{01}\text{TSIP} + \gamma_{02}\text{TSCAL} + \gamma_{03}\text{TINDY} + \gamma_{04}\text{FSCAL} + u_{0j}$$
$$\text{var}(e) = \sigma^2 = \text{level-1的残差方差}$$
$$\text{var}(u_{0j}) = \tau_{00} = \text{level-2截距残差方差}$$

上式中,SEF表示自我效能感,TSIP表示团队互动过程结构维度,TSCAL表示团队规模,TINDY表示团队所属行业,FSCAL表示团队所属企业的规模。

第三步,检验总体层次解释变量对结果变量的总效果是否因中介变量的存在而消失,自我效能感做中介的完全模型如下:

$$\text{level-1}: \text{IIB} = \beta_{0j} + \beta_1\text{SEF} + \beta_2\text{SEX} + \beta_3\text{AGE} + e \quad (6.33)$$
$$\text{level-2}: \beta_{0j} = \gamma_{00} + \gamma_{01}\text{TSIP} + \gamma_{02}\text{TSCAL} + \gamma_{03}\text{TINDY} + \gamma_{04}\text{FSCAL} + u_{0j}$$
$$\text{var}(e) = \sigma^2 = \text{level-1的残差方差}$$
$$\text{var}(u_{0j}) = \tau_{00} = \text{level-2截距残差方差}$$

上式中,IIB、SEF、SEX和AGE分别表示成员的个人创新行为、自我效能感、性别和年龄;TSIP、TSCAL、FSCAL分别表示团队互动过程结构维度、团队规模和团队所属企业的规模。

表6.34 自我效能感对结构维度与个人创新行为的中介影响(固定效应)

步骤	因变量	模型	固定效应	系数	标准误	t值	p值
1	IIB	6.8	γ_{00}	3.743***	0.130	28.818	0.000
			γ_{01}	−0.015	0.034	−0.438	0.662
			γ_{02}	−0.020*	0.009	−2.229	0.027
			γ_{03}	0.022	0.012	1.811	0.071
		6.26	γ_{00}	2.155***	0.238	9.053	0.000
			γ_{01}	0.440***	0.057	7.646	0.000
			γ_{02}	−0.038	0.030	−1.246	0.214
			γ_{03}	−0.009	0.008	−1.163	0.247
			γ_{04}	0.022*	0.010	2.229	0.027

续表

步骤	因变量	模型	固定效应	系数	标准误	t值	p值
2	SEF	6.19	γ_{00}	3.776***	0.122	31.054	0.000
			γ_{01}	−0.001	0.028	−0.027	0.979
			γ_{02}	−0.016	0.010	−1.648	0.100
			γ_{03}	0.006	0.014	0.438	0.661
		6.32	γ_{00}	2.459***	0.213	11.523	0.000
			γ_{01}	0.364***	0.055	6.589	0.000
			γ_{02}	−0.020	0.024	−0.813	0.417
			γ_{03}	−0.007	0.009	−0.802	0.423
			γ_{04}	0.006	0.011	0.555	0.579
3	IIB	6.33	γ_{00}	1.121***	0.218	5.141	0.000
			γ_{01}	0.236***	0.047	4.986	0.000
			γ_{02}	−0.030	0.025	−1.195	0.234
			γ_{03}	−0.003	0.008	−0.340	0.734
			γ_{04}	0.032***	0.010	3.366	0.001
			β_1	0.533***	0.039	13.650	0.000
			β_2	−0.095**	0.031	−3.083	0.003
			β_3	−0.069***	0.019	−3.639	0.001

注1：IIB表示个人创新行为，SEF表示团队成员的自我效能感。
注2：*$p<0.05$，**$p<0.01$，***$p<0.001$。

表6.35 自我效能感对结构维度与个人创新行为的中介影响（随机效应）

步骤	因变量	模型	随机效应	方差	df	χ^2	p值
1	IIB	6.8	τ_{00}	0.064	238	441.088***	0.000
			σ^2	0.239			
		6.26	τ_{00}	0.030	237	333.045***	0.000
			σ^2	0.239			
2	SEF	6.19	τ_{00}	0.055	238	395.419***	0.000
			σ^2	0.260			
		6.32	τ_{00}	0.031	237	326.351***	0.000
			σ^2	0.260			
3	IIB	6.33	τ_{00}	0.031	236	384.354***	0.000
			σ^2	0.152			

注1：IIB表示个人创新行为，SEF表示团队成员的自我效能感。
注2：τ_{00}=层次2中因变量的组间变异，σ^2=层次1中因变量的组内变异。
注3：***$p<0.001$。

利用以上跨层次模型得到的分析结果如表6.34和表6.35所示,可以看出在level-2截距残差变异也都是显著的。团队互动过程的结构维度在控制了团队特征变量后对个人创新行为的影响依然是显著的($\gamma_{01}=0.440, p<0.001$),这就意味着团队互动过程的结构维度对个人创新行为的产生有正向作用。同时,团队互动过程结构维度在控制了团队特征变量后对自我效能感的影响也是显著的($\gamma_{01}=0.364, p<0.001$),这也意味着团队互动过程的结构维度对自我效能感的产生有正向作用。

在第三步分析中,层次2(level-2)加入团队控制变量团队规模、团队所属企业性质和团队所属企业规模,层次1(level-1)加入个人变量自我效能感、个体层次的性别和年龄控制变量后,团队互动过程结构维度对个人创新行为依然存在着积极而显著的影响($\gamma_{01}=0.236, p<0.001$),并且其绝对值小于第一步分析中$\gamma_{01}$($\gamma_{01}=0.440, p<0.001$)的估计值,自我效能感对个人创新行为的作用并没有消失($\beta_1=0.533, p<0.001$),因此,团队互动过程的结构维度除了直接影响个人创新行为外,还通过自我效能感的中介作用间接正向影响个人创新行为。

(二)自我效能感对人际维度与个人创新行为的中介过程分析

第一步,个人创新行为的截距预测模型分析。为了便于分析控制变量的影响,首先利用截距预测模型6.8进行个人创新行为只包含团队层次控制变量的分析。接着在层次2中加入团队互动过程人际维度,如截距预测模型6.29所示。

第二步,自我效能感的截距预测模型分析。为了便于分析控制变量的影响,首先进行自我效能感只包含团队层次控制变量的分析,如截距预测模型6.19所示,接着在层次2中加入团队互动过程人际维度,其截距预测模型如下:

$$\text{level-1}: \text{SEF}=\beta_{0j}+e \tag{6.34}$$
$$\text{level-2}: \beta_{0j}=\gamma_{00}+\gamma_{01}\text{TRIP}+\gamma_{02}\text{TSCAL}+\gamma_{03}\text{TINDY}+\gamma_{04}\text{FSCAL}+u_{0j}$$
$$\text{var}(e)=\sigma^2=\text{level-1 的残差方差}$$
$$\text{var}(u_{0j})=\tau_{00}=\text{level-2 截距残差方差}$$

上式中,SEF表示自我效能感,TRIP表示团队互动过程人际维度,TSCAL表示团队规模,TINDY表示团队所属行业,FSCAL表示团队所属企业的规模。

第三步,检验总体层次解释变量对结果变量的总效果是否因中介变量的存在而消失。自我效能感做中介的完全模型如下:

$$\text{level-1}: \text{IIB}=\beta_{0j}+\beta_1\text{SEF}+\beta_2\text{SEX}+\beta_3\text{AGE}+e \tag{6.35}$$
$$\text{level-2}: \beta_{0j}=\gamma_{00}+\gamma_{01}\text{TRIP}+\gamma_{02}\text{TSCAL}+\gamma_{03}\text{TINDY}+\gamma_{04}\text{FSCAL}+u_{0j}$$
$$\text{var}(e)=\sigma^2=\text{level-1 的残差方差}$$
$$\text{var}(u_{0j})=\tau_{00}=\text{level-2 截距残差方差}$$

上式中，IIB表示个人创新行为，SEF表示自我效能感，SEX表示团队成员的性别，AGE代表团队成员的年龄，TRIP表示团队互动过程人际维度，TSCAL表示团队规模，TINDY表示团队所属行业，FSCAL表示团队所属企业的规模。

表6.36　自我效能感对人际维度与个人创新行为的中介影响（固定效应）

步骤	因变量	模型	固定效应	系数	标准误	t值	p值
1	IIB	6.8	γ_{00}	3.743***	0.130	28.818	0.000
			γ_{01}	−0.015	0.034	−0.438	0.662
			γ_{02}	−0.020*	0.009	−2.229	0.027
			γ_{03}	0.022	0.012	1.811	0.071
		6.29	γ_{00}	2.856***	0.246	11.630	0.000
			γ_{01}	0.226***	0.054	4.181	0.000
			γ_{02}	−0.025	0.033	−0.740	0.460
			γ_{03}	−0.013	0.009	−1.425	0.156
			γ_{04}	0.039**	0.013	3.026	0.003
2	SEF	6.19	γ_{00}	3.776***	0.122	31.054	0.000
			γ_{01}	−0.001	0.028	−0.027	0.979
			γ_{02}	−0.016	0.010	−1.648	0.100
			γ_{03}	0.006	0.014	0.438	0.661
		6.34	γ_{00}	2.960***	0.239	12.398	0.000
			γ_{01}	0.208***	0.054	3.874	0.000
			γ_{02}	−0.010	0.028	−0.344	0.731
			γ_{03}	−0.009	0.009	−0.983	0.327
			γ_{04}	0.022	0.014	1.549	0.122
3	IIB	6.35	γ_{00}	1.555***	0.229	6.787	0.000
			γ_{01}	0.078*	0.044	1.757	0.080
			γ_{02}	−0.021	0.026	−0.802	0.424
			γ_{03}	−0.006	0.008	−0.713	0.476
			γ_{04}	0.039***	0.011	3.602	0.001
			β_1	0.561***	0.038	14.894	0.000
			β_2	−0.090**	0.031	−2.896	0.004
			β_3	−0.071***	0.019	−3.708	0.000

注1：IIB表示个人创新行为，SEF表示团队成员的自我效能感。
注2：*p<0.10，**p<0.01，***p<0.001。

表6.37 自我效能感对人际维度与个人创新行为的中介影响(随机效应)

步骤	因变量	模型	随机效应	方差	df	χ^2	p值
1	IIB	6.8	τ_{00}	0.064	238	441.088***	0.000
			σ^2	0.239			
		6.29	τ_{00}	0.055	237	411.213***	0.000
			σ^2	0.238			
2	SEF	6.19	τ_{00}	0.055	238	395.419***	0.000
			σ^2	0.260			
		6.34	τ_{00}	0.047	237	371.824***	0.000
			σ^2	0.259			
3	IIB	6.35	τ_{00}	0.039	236	424.907***	0.000
			σ^2	0.152			

注1:IIB表示个人创新行为,SEF表示团队成员的自我效能感。
注2:τ_{00}=层次2中因变量的组间变异,σ^2=层次1中因变量的组内变异。
注3:***$p<0.001$。

利用以上跨层次模型得到的分析结果如表6.36和表6.37所示,可以看出在level-2截距残差变异也都是显著的。团队互动过程的人际维度在控制了团队特征变量后对个人创新行为的影响依然是显著的($\gamma_{01}=0.226$,$p<0.001$),这就意味着团队互动过程的人际维度对个人创新行为的产生有正向作用。同时,团队互动过程人际维度在控制了团队特征变量后对自我效能感的影响也是显著的($\gamma_{01}=0.208$,$p<0.001$),这也意味着团队互动过程的人际维度对自我效能感的产生有正向作用。在第三步分析中,层次2(level-2)加入团队控制变量团队规模、团队所属企业性质和团队所属企业规模,层次1(level-1)加入个人变量自我效能感、个体层次的性别和年龄控制变量后,团队互动过程人际维度对个人创新行为依然存在着积极而显著的影响($\gamma_{01}=0.078$,$p<0.10$),并且其绝对值小于第一步分析中γ_{01}($\gamma_{01}=0.226$,$p<0.001$)的估计值,自我效能感对于个人创新行为的作用并没有消失($\beta_1=0.561$,$p<0.001$),因此,团队互动过程的人际维度除了直接影响个人创新行为外,还通过自我效能感的中介作用间接正向影响个人创新行为。

(三)小结

本小节主要分析了自我效能感对团队互动过程的各维度与个人创新行为关系的中介效应分析,结果表明团队互动过程的结构维度和人际维度都是通过自我效能感对个人创新行为具有跨层次的正向影响效果,即意味着团队互动过程正向影响个人创新行为,团队互动过程正向影响创新活动的自我效能感,团队互动过程通过自我效能感的中介作用间

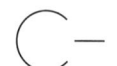

接正向影响个人创新行为。因此,本书的假设12再次得到了验证,假设13和假设14在本小节的研究中也同时得到了验证。

五、中介效应分析过程各模型的R^2值计算

根据Gavin和Hofmann(2002)的建议,跨层次分析中R^2的计算公式为:

$$R^2 = 1 - \frac{\tau_{00\text{预测模型}} + \sigma^2_{\text{预测模型}}}{\tau_{00\text{虚无模型}} + \sigma^2_{\text{虚无模型}}}$$

根据本章虚无模型及各预测模型的方差成分,计算出中介效应分析过程各模型的R^2值,如表6.38所示。其中,第一、二步的第①个模型只包含团队控制变量,第一、二步的第②个模型其影响因素包括团队特征和自变量相应维度,第三步模型的影响因素包含个体控制变量、中介变量、团队控制变量以及自变量相应维度。

表6.38 中介效应分析过程各模型的R^2值计算汇总

分析路径		O-N-I	P-N-I	S-N-I	O-E-I	P-E-I	S-E-I	T-N-I	R-N-I	T-E-I	R-E-I
第一步	①	0.007	0.007	0.007	0.007	0.007	0.007	0.007	0.007	0.007	0.007
	②	0.116	0.102	0.115	0.116	0.102	0.115	0.118	0.039	0.118	0.039
第二步	①	0.012	0.012	0.012	0.000	0.000	0.000	0.012	0.012	0.000	0.000
	②	0.068	0.070	0.090	0.063	0.035	0.067	0.108	0.066	0.076	0.029
第三步	①	0.213	0.197	0.207	0.410	0.407	0.403	0.203	0.154	0.400	0.374

注:为了简化表达,此表中的变量或者维度用一个大写字母表示:O—愿景,P—参与安全,S—创新支持,T—结构互动维度,R—人际互动维度,N—主观规范,E—自我效能感,I—个人创新行为。

从表6.38可以看出,第一步分析是在控制了团队控制变量后,团队层次各维度对个人创新行为所贡献的R^2值均有增加。第二步分析表明在控制了团队控制变量后,在自变量对中介变量的影响分析中,R^2值也均有增加,值得指出的是团队控制变量对自我效能感的R^2值接近于0,说明团队层次控制变量对自我效能感的影响非常微小。第三步的分析表明在加入了自变量和中介变量后,所解释的个人创新行为R^2值相对于只有自变量时均有显著增加。

第七章 研究结论与展望

本章对假设检验的结果进行了讨论,并在概括主要研究结论的基础上指出论文的实践意义、研究局限与未来研究展望。

第一节 研究结果与讨论

一、知觉组织支持、职业承诺与个人创新行为

从社会交换理论来看,在组织中有两种主要的交换关系,分别为员工和组织的交换关系以及员工和主管的交换关系。本研究主要探讨了员工和组织的交换关系,尽管过去许多研究发现知觉组织支持会影响组织公民行为等积极行为,但是很少有研究针对知觉组织支持与个人创新行为之间的关系及影响机制进行探讨,本研究将知觉组织支持作为一个整体概念,通过回归分析发现个人创新行为有19.3%的变异来自知觉组织支持。这也表明组织对待员工的方式会影响员工对组织动机的诠释(Eisenberger等,1986)。具体而言,如果成员感知到组织重视其贡献和福祉的程度越高,他们就会表现出更多的创新行为。

同时,本书个体层次的回归分析结果表明,知觉组织支持对职业承诺的职业投入和职业认同维度有积极的影响作用,该结论与余琛(2009)的研究结论一致,余琛在其研究中也认为知觉组织支持对职业承诺的情感承诺、职业动力两个维度均能够产生正向影响。然而,检验结论发现知觉组织支持对留业意愿没有显著影响。本书认为,这可能是因为职业承诺的职业投入和职业认同维度属于态度承诺,表现为心理或者情感上的依附,本质上是对职业的认同以及内化(Vandenberg等,1994);留业意愿属于行为承诺(Mowday,1979),

留业意愿本质上是基于职业利益的考量。知觉组织支持是关于组织如何关怀和重视自身的信念,这种信念更容易反映在员工的态度而非行为倾向上,因此知觉组织支持对留业意愿的影响作用不够显著。

本书的实证研究表明,职业承诺的三个维度对个人创新行为的影响均有显著的影响效果,该结论也充分说明了Scholl(1981)把承诺描述作为一种动力来解释行为的持续性,有高度职业投入、职业认同和留业意愿的员工更愿意树立自己的职业目标,并且认同和参与到这些目标的实现当中,甚至在没有直接的组织回报时,高度承诺可以稳固和维持员工的积极行为。此外,本研究除了探讨职业承诺对个人创新行为的直接影响外,还分析了知觉组织支持是否会经由职业承诺影响团队成员的个人创新行为,结论表明,知觉组织支持有助于通过职业投入和职业认同进而对个人创新行为产生正向影响。

二、团队创新气氛与个人创新行为

团队成员的创新过程至少应该跨越两个及以上层级(Baer和Frese,2003),以往的个人创新行为研究大多是在个体层次上进行分析,而单一层次的研究会限制我们对多层次创新过程的理解,按照多层次理论的观点,团队环境会影响团队中个体的态度、知觉与行为。个体在团队中相互影响,有着共同的目标或者可以实现的结果,任务之间的相互依赖使得个体之间容易形成共同的理解或者期待的行为模式,因此团队创新气氛是团队的重要特征。虽然针对团队创新气氛与个人创新行为之间关系的研究已得到国外学者的重视,但是其在国内的研究还处于起步阶段,例如,张文勤等人(2010)等通过跨层次模型研究验证了个人创新行为的两层影响因素。

本书针对团队创新气氛与成员创新行为的跨层次检验结果发现,个人创新行为在团队之间存在显著变异,初步证实了本研究跨层次分析的正确性。尽管Scott和Bruce(1994)在探讨个人创新行为的影响因素时发现,个人创新行为分别与创新支持及资源提供等创新心理气氛(psychological climate for innovation)高度相关。但是当心理气氛成为共享知觉时,团队创新行为对个人创新行为的影响作用仍有待检验。本研究针对West(1990,1996)等开发的团队创新气氛量表进行了中国样本下的因子分析,结果只得到了三个维度,分别是团队愿景、参与安全、创新支持,随后本书作者与组织行为学领域的专家进行了讨论,认为原始量表中的任务导向维度与创新支持维度容易给填答者造成直觉上相似性判断,或者还可能有其他新的创新气氛因素没有在West(1990)的四维度结构中反映出来,而本书的探索性因子分析过程将问项数过少的维度予以删除。

团队创新气氛的三个维度中,团队愿景维度、参与安全维度以及创新支持维度对个人创新行为均有正向影响。从气氛方面的文献可知,组织气氛的营造有益于组织绩效与员工绩效的形成,此论点在本研究的实证结果中也得到了支持。因此,管理者不应忽略团队创新气氛的重要性(Ashkanasy,Wilderom 和 Peterson,2000;Jamew 和 James,1989)。该结论也同时呼应 Kozlowski 和 Hults(1987)以及 Anderson 和 Burch(2003)等人的研究,即创新气氛是个体创新行为的重要前置因素,其他许多研究也指出了团队创新气氛在团队追求目标的过程中扮演着重要的角色(Ai-Beraidi 和 Rickards,1971)。

三、团队创新气氛、主观规范与个人创新行为

团队创新气氛除了对个人创新行为有直接影响外,根据社会认知理论,个体行为是由环境因素和个人认知因素所决定的(Bandura,1986)。Woodman,Sawyer 和 Griffin(1993)提出探讨创新时需考虑个人属性、团队层次以及组织属性等三个因素间的作用。团队层次上气氛是关于团队政策、实践以及程序的共享知觉(Schneider,1983),会进一步影响个人的价值观、认知和态度等因素。例如,安全气氛方面的几个研究均指出安全气氛会影响员工对安全的承诺、对安全规则与意外发生时的处理能力等(Griffin 和 Neal,2000;Hofman 和 Stetzer,1996;Hofman 和 Stetzer,1998;Zohar,2000)。本书发现团队创新气氛可以通过个体的主观规范来影响创新行为。

通过对团队创新气氛、主观规范和员工创新行为之间关系的阶层分析,结果表明团队创新气氛的各个维度对主观规范和员工创新行为的回归系数都在0.001水平上显著,在加入了中介变量主观规范后,团队创新气氛的各个维度对个人创新行为的正向影响作用仍然显著。因此,主观规范部分中介了创新气氛和个人创新行为之间的关系,即团队成员在工作中表现出怎么样的行为,其他成员也会把这种行为方式通过主观规范而进行复制并传递到整个团队范围内。

主观规范在计划行为理论中是预测行为意愿及行为的重要变量,本书用此概念来反应重要关系人对于创新行为的期望,但是计划行为理论(Ajzen,1991)都只是笼统地指出了影响主观规范的情境变量,但是就创新过程的主观规范而言,情境变量的探讨显然不够深入,通过本书的研究可知,团队创新气氛作为重要的情境变量影响了个体主观规范并进而作用于创新行为,该结论与 Amabile(1988)、Isaksen(1987)、Kanter(1988)等学者的研究结论一致,他们曾经指出组织气氛能够导引组织成员的注意力及行动。James 等人(1990)也认为组织气氛代表着一种信号(signal),该信号是关于个人行为及其行为结果的期望。

此外,本书还证明了主观规范对个人创新行为的影响是存在的,拓展了计划行为理论的研究框架,进一步支持了主观规范可以直接影响行为的研究结论(Christian 和 Abrams,2004;Christian 和 Armitage,2002;Christian、Armitage 和 Abrams,2003;Trafimow 和 Finlay,2001),也印证了 Manning(2009)的元分析关于主观规范对行为存在着直接影响的研究结论。

四、团队创新气氛、自我效能感与个人创新行为

根据社会认知理论,个体的心理活动是受到个人认知机制影响,而不是受环境影响之后而产生的机械性反应。本书的研究也表明自我效能感在团队环境因素与个人行为之间所扮演的重要角色。本书的跨层次分析表明,团队创新气氛的三个维度对自我效能感以及个人创新行为的回归系数都在0.001水平上显著,自我效能感部分中介了团队创新气氛的三个维度和个人创新行为之间的关系。也就是说,团队创新气氛对创新活动的自我效能感有正向影响。当团队的创新气氛越高,则其成员对于创新活动的自我效能感也会越高,反之亦然。

文献分析表明,自我效能感的形成主要来自过去的经验、他人的经验、他人的评价以及个体的情绪状态等。因此,本书的研究结论也充分说明团队创新气氛的确提供了形成自我效能感所依据的信息。团队创新气氛作为一个整体,当团队成员认同环境中的氛围及相关制度时,势必会增强其在工作能力上的信心。这也印证了黄荷婷、蔡立旭等人的研究结论。黄荷婷(2003)认为研发团队的学习导向会通过自我效能感对个人创新行为产生正向影响,蔡立旭(2000)在其研究中也证明了组织气氛与自我效能感之间存在显著的正相关关系。

Bandura(1982)认为个体对于自我效能的知觉将可能影响其思考模式、动机和行为表现。以往的自我效能感实证研究均表明当个体的自我效能感越高时,个体的产出结果也会越好。Bandura(1997)发现特定的自我效能感对于目标绩效具有相当程度的解释力,本研究也证实了这一观点,研究结果说明创新活动的自我效能感会正向影响员工的创新行为表现。此外,本研究也佐证了Tierney和Farmer(2002)关于创新自我效能感是工作自我效能感之外另一个对创新绩效具有正向作用的因素,同时也否定了Amabile(1988)关于创新技能是创新绩效唯一影响因素的研究结论。

五、团队互动过程与个人创新行为

本书的研究结论发现团队互动过程对个人创新行为具有显著的正向影响,这就意味着当团队成员的任务活动越紧密,团队成员越会认同自己的团队并尽力完成所负责的工作。团队互动过程反映了团队的沟通水平以及对团队利益的重视程度,良好的互动过程容易发展出良好的团队文化(Ridgeway,1983),并因此影响个人层次上的创新行为。

团队互动水平较高的团队更多地表现出对目标的承诺以及完成任务过程中的积极合作与沟通(Wright和Drewery,2002;Smith,1994)。学者Larson和LaFasto(1989)的研究发现团队的任务互动诸如明确活动目标、制订工作计划、角色分工等因素对团队具有积极效果。Bettenhausen(1991)也认为团队互动过程是团队成员行为的重要预测因子,会影响团

队成员的绩效水平。本书的实证研究表明团队互动过程对个人创新行为具有正向的影响作用，从而进一步印证了以上学者的研究结论。本书的结论也进一步表明，研发人员的创新过程需要通过讨论、建议以及认知的分享等互动（Beller，1999）使得他人接受自己的新观点并一起实施。所以，团队成员之间良好的互动过程是研发团队成功的重要特征。

六、团队互动过程与自我效能感、主观规范

本书的跨层次分析结果表明，团队互动过程对自我效能感具有显著的正向影响，其回归系数在0.001水平上显著。根据研究结论，团队互动过程有助于提供形成自我效能感所依据的信息，这些信息主要来自团队互动过程中的他人经验以及他人评价等，这也印证了Gist和Mitchell（1986）的自我效能感—绩效关系模型所提出的观点，说明自我效能感依赖于与其有密切关系的其他成员，情境与行为之间个体自我概念是重要的一环（Ford，1996）。

本研究将团队互动过程作为重要的情境变量进行研究，以期发现团队互动过程、主观规范以及个体创新行为之间的作用机制。检验结果表明，团队互动过程对主观规范的回归系数在0.001水平上显著，团队互动过程对主观规范具有显著的正向作用，证明了团队互动过程与主观规范之间的直接关系。个人对集体规范的解释必然存在着偏差，而恰恰团队互动过程对个人创新活动的主观规范具有指导性。

在我国集体主义的文化背景下个体更容易将自己识别为团队中的一员，而为了维持自己作为团队成员的地位，个体对周围他人的行为和反应会更加敏感，更倾向遵从社会规范，团队成员往往是通过观察周围其他人的行为来决定自己在这个情境中应该做出怎样的行为表现。根据Pillutla和Chen（1999）的研究，个体感知到的社会规范比隐含的社会规范对个体行为的影响更为显著。因此，团队互动过程使得团队成员为了共同组织目标与任务达成而紧密结合，强化了组织内成员的规范服从、合作与互动，互动水平较高的团队不仅影响到个体的自我效能感，而且会影响到成员对规范的理解和感知。

综上分析，全文研究的假设检验总结如表7.1所示：

表7.1 本书的研究假设检验结论汇总

序号	研究假设	检验结论
假设1	知觉组织支持对个人创新行为有正向影响作用	支持
假设2	知觉组织支持对职业承诺有正向影响作用	部分支持
假设3	职业承诺对个人创新行为有正向影响作用	支持
假设4	知觉组织支持通过职业承诺对个人创新行为有正向影响作用	部分支持
假设5	团队创新气氛对个人创新行为存在正向影响作用	支持

续表

序号	研究假设	检验结论
假设6	团队创新气氛对自我效能感存在正向影响作用	支持
假设7	自我效能感对个人创新行为存在正向影响作用	支持
假设8	团队创新气氛通过自我效能感对个人创新行为有正向影响作用	支持
假设9	团队创新气氛对创新活动的主观规范存在正向影响作用	支持
假设10	创新活动的主观规范对个人创新行为存在正向影响作用	支持
假设11	团队创新气氛通过主观规范对个人创新行为有正向影响作用	支持
假设12	团队互动过程对个人创新行为有正向影响作用	支持
假设13	团队互动过程对自我效能感有正向影响作用	支持
假设14	团队互动过程通过自我效能感对个人创新行为有正向影响作用	支持
假设15	团队互动过程对主观规范存在正向影响作用	支持
假设16	团队互动过程通过主观规范对个人创新行为有正向影响作用	支持

第二节 管理意义

一、注重团队创新气氛和团队互动过程

研发团队对于企业创新而言非常重要,然而具备何种特质的团队才能带来最大程度的创新优势是管理者所面临的重要议题。为了实现产品、服务或者工作流程等方面的创新,管理者应设法营造具有创新功效的团队气氛以促使成员表现出创新行为。团队创新气氛是成员对团队管理实践等环境因素的共享知觉,管理人员可通过团队创新气氛的形成过程来干预团队成员的动机与行为。结论表明,团队创新气氛的三个维度对个人创新行为有显著的影响作用,这就意味着企业组织在经营管理的过程中,应该从团队创新气氛的各个构面入手来塑造出正面的团队创新气氛,具体而言,研发团队应主动鼓励员工产生新的想法并清楚团队目标,打消员工因担心创新失败可能造成的消极念头。除此之外,管理者还应该通过各种措施强化成员彼此之间的鼓励和支持等。因此,团队创新气氛的创建与维持将成为企业管理者的重要工作。

团队的互动过程(Hambrick,1994)能使一个群体变成团队并提升团队效率,本书的结论表明,企业研发部门或者团队的主管可通过团队层次的沟通、协调以及合作来激发成员的创新行为。比如,内部沟通在团队内促进新观点的传播,并且增加这些观点的数量和多

元性,并进一步引导新观点之间的交互孕育(Aiken和Hage,1971)。由于创新过程的互动互依特征,因而整体上的团队互动过程显得非常必要(Stewart和Barrick,2000),当管理者认为团队成员缺乏创新行为表现时,有必要判断团队本身在任务或者人际上的整合程度,关于团队结构,也应考虑更为有机的设计方式以利于团队内部的互动过程。总而言之,通过各种措施所形成的全方位沟通与协作以及开放的互动通道,将有利于团队成员积极地参与创新活动并促使成员创新行为的形成。

二、注重团队成员的自我效能感和主观规范

本研究通过自我效能感在团队创新气氛与个人创新行为之间的中介效应研究,表明创新信念或者信心扮演着举足轻重的角色。如果管理者希望在经营管理的过程中通过团队创新气氛或者互动过程来促进个人创新行为,也有必要注意管理的手段或者途径。良好的创新气氛或者团队互动将有效提升员工的自我效能知觉进而促进其产生创新行为。例如,创新气氛的营造有助于提升团队成员完成任务的信心,使成员在实施个人创新行为的过程中能够积极地面对问题,主动地找出解决办法。团队主管也可以指派适当的工作任务给成员,通过团队的鼓励与支持来营造良好的创新气氛以强化成员的信心进而激发创新行为。此外,团队互动过程中的内部协调与运作机制促进了信息的有效流通与整合,这些信息反过来又增强了研发人员完成创新任务的信念。Tierney和Farmer(2002)的研究也强调,管理者应采取措施培养员工关于工作技术和特定创新能力的信念。

此外,团队创新气氛与互动过程在影响个人创新行为的过程中,主观规范也具有显著的中介作用。意味着如果企业希望通过团队创新气氛与团队互动过程来促进个人创新行为,那么可以通过积极的团队创新规范以及对这些规范主观感知的引导来实施,由此来激发其创新行为。企业的管理者应该采取措施促使团队成员建立创新活动的互动能力并接受团队规范,使其更有意愿配合团队的创新活动。为了目标的达成,团队也需要建立一套创新行为的活动机制,通过参与过程使成员认同和内化,最终促使团队成员表现出更多的创新行为。此外,要激发团队成员对团队创新规范的认同,应设置个人与其他成员的共同目标与利益,通过互动和规范力量来促成个人的创新行为。

因此,在营造团队创新气氛和强化团队互动过程的同时,有必要密切关注团队创新气氛与互动过程是否提升了个体的自我效能感和形成了创新的主观规范,通过这种途径也有利于提升团队成员的创新行为。如果个体针对创新活动的自我效能感没有得到提升,或者没有形成针对创新活动的主观规范,那么团队创新气氛和团队互动过程对个人创新行为的影响作用就会受到削弱。

三、注重研发人员的职业承诺

企业的研发人员早已成为企业赖以生存与成长的基础,并日渐扮演起举足轻重的角色。企业管理者应该注意到自我的实现对于许多研发人员而言是非常重要的需求,研发人员往往需要可以展现自己的职业平台。研发人员借着本身拥有的知识优势,并不只对企业具有组织承诺,也会对自己的职业领域产生承诺。因此企业管理者应该放弃以往以组织承诺为出发点的企业管理方式,探究以员工的职业认知和职业态度为对象的管理模式。

本研究进一步证明了职业认同、职业投入以及留业意愿会增强研发人员的创新行为,反映出研发人员在工作中所追求的已不再仅是基本的温饱或一些外在的激励来源,而是想通过工作来满足个人的职业成就。由于研发人员的职业承诺会影响其个人创新行为,因此企业应该重视研发人员对自身职业的热情,例如,企业对研发人员实施的在职训练,尤其是针对那些有热情但技术不足的研发人员开展恰当的培训来提升其组织支持感,通过增进其对职业的认同和投入进而激发员工的创新行为。

根据调查,目前我国研发人员的主力多是属于1965年后出生者,他们相对于其他群体对职业有了更多的承诺(Robbins,1990),更加重视内在的职业兴趣。企业经营环境的快速改变可能破坏他们对组织的忠诚程度,企业管理者必须要审视员工职业发展等方面的需要。只有企业提供了这些"高层次"的个人需要,才有可能促使研发人员表现出更多的创新行为。例如,企业可以帮助员工制订其职业发展目标并给予资源上的协助,或者通过职务培训的方式让研发人员的专业更加精湛,这些措施不仅有利于研发人员更加认同自身的职业,而且还会增加个人的创新行为。

四、注重员工的组织支持感知

从研究结果可知,只有当员工感知到足够的支持时才会表现出较多的个人创新行为。企业管理者虽然针对研发人员的创新过程制定了许多人力资源政策,但是这些组织政策最终要被员工感知,因此,管理者需要注意的不再是企业为员工做了什么,更重要的是员工对这些管理行为背后意义的解读,以及员工是否真的体会到企业的善意。因为组织如何对待员工会影响到员工知觉的组织支持,只有员工认为自己受到组织良好的对待,才会愿意表现出利于组织的个人创新行为。

组织推动的各项人力资源措施应努力表现出对员工贡献的正面评价,以及对员工福祉积极主动的关怀,从员工的角度分析企业现有的各项人力资源措施存在的改善空间,并清楚这些改善措施在员工心中的重要性排序,让员工知觉到组织这些政策的动机是出自对员工的自发性重视,而非外在条件的约束。只有这样才能营造出员工愿意主动奉献的组织环境,当研发人员真正感受到企业的支持与关怀时,无论是实质的福利报酬还是无形的关怀,研发人员会因此形成对组织的义务感并表现出更多的创新行为。

组织的许多人力资源管理激励措施都会影响员工知觉到的组织支持程度,组织可以采用很多措施来营造一个支持性的环境。例如,对员工的表扬、加薪、晋升,工作丰富化,提供安全的就业环境、职业发展和教育培训机会等。组织薪资福利的设计或者管理者的各项政策安排,都应该要让研发人员感受到企业对他们的支持。不管是新进员工还是骨干员工,组织的各项人力资源政策都应该在不同时期提供适时的帮助与关怀。此外,企业的人力资源管理部门应该针对员工的不同心理期待设计个性化的支持方案,这些方案一方面有助于留住研发人才,同时也有利于通过积极引导以使研发人员表现出更多的创新行为。

第三节 研究局限与限制

本研究虽力求完善,但囿于研究时间、研究经费以及研究过程中其他无法掌握的因素,具有以下的研究限制。

首先,本研究所采用的问卷调查方法是在某一时点进行的,属于用横断面(cross-sectional)的方式来观察团队特征以及员工的认知、态度与行为,因此只能找出个人创新行为的影响因素,至于这些因素是如何影响个体创新行为,就需要实地了解个人创新行为产生的整体过程。因此,未来研究如果能采取纵断面(longitudinal)的方式来进行观察分析,其结果将更具有说服力。

其次,本研究通过各种社会关系的协助,采用便利抽样的方式完成数据资料的搜集,可能会使样本的来源过于分散,因而无法保证样本来源的代表性与随机性。此外,由于本研究以团队为研究单位,需要回收完整的团队资料,虽然本书的作者事先对联络人进行仔细说明并强调必须完整地回收问卷,但仍然有些团队资料的回收情况不尽理想,而当回收不足时则必须剔除无法使用的资料,再加上团队成员的个人创新行为评价由团队同事来填写,以致团队的样本数较为不足。

再次,为避免共同方法偏差的问题,在测量方面将问卷区分为团队成员个人问卷及团队成员同事问卷,分别由团队成员及其共同的同事填写。个人创新行为量表是由团队成员的共同同事以打分方式进行衡量,主要是考虑到个人创新行为是个人比较内在的行为,只有跟员工本人互动比较密切的同事才熟悉这种行为。但是,除个人创新行为之外的其他变量仍由团队成员自行填写,因而无法完全避免共同方法变异的问题。

最后,影响研发人员个人创新行为的因素众多,本研究只是针对研发人员比较典型的个人变量及团队变量对个人创新行为的影响加以分析,仍无法同时涵盖所有的影响因素,因此无法解释更多的变异情况。本研究也指出个人因素与情境因素会对个人创新行为产生影响,然而本研究对人格特质与动机等因素还没有进行研究,尤其没有探讨这些个人因素与本书中的团队层次变量的交互作用机制。

第四节 未来研究建议

本研究同时探讨了不同层次的前置因素对个人创新行为的影响。而事实上,个人创新行为应随着工作性质不同而改变,本研究的调查对象为企业研发人员,而其他工作性质的员工是否同样受到这些相关变量的影响仍然值得进一步去研究。除此之外,本书针对个人创新议题未来的研究方向提出以下的研究建议。

首先,进一步探索个人创新行为的多层次影响因素。由于创新过程的多层次性和互动性,跨层次的研究设计对于帮助我们理解个人创新行为是十分必要的。国内创新行为方面的研究大部分集中于宏观和微观层面的分析,而团队情境角度的跨层次研究才刚刚起步(例如,顾琴轩,2009;张文勤,2010)。团队互动之后形成的许多团队特征如团队信任、共同心智模式等对个人创新行为的影响有必要也从跨层次的角度进行研究。在个体层次上,员工所认为的组织报酬是否公平可能也是一个重要的因素,其可能会影响员工的创新表现。同样,员工对上司或组织政策的信任也可能影响员工能否在工作上产生新的观点或者采用新的方法去完成工作任务。在此基础上,未来的研究也有必要进一步探讨这些个人层次影响因素之间、团队层次影响因素之间以及个人层次和团队层次影响因素之间的交互作用,以期有更多的研究发现来增强对管理实践的解释力。

其次,本书主要集中于个人创新行为的影响因素研究,而事实上个人创新行为是更高层次创新的输入变量(Woodman 和 Schoenfeldt,1990),未来研究应该进一步探索个人创新行为聚合成团队层次变量后所产生的个人结果或者团队结果。个人创新行为是否真能协助团队达成创新目标?团队层次的创新行为是否也会影响团队创新绩效、个人的组织承诺、工作满意度等?这些问题尚待后续研究证实。此外,后续研究有必要进一步探索个人的创新行为的消极后果,例如,冲突、紧张情绪、压力和绩效的降低等。在此基础上也可以进一步探索创新者个人、同事或主管、组织以及国家文化在其中所可能扮演的角色(Janssen,2004)。

再次，本研究还有必要进一步探讨工作价值观差异，因为这种价值观差异会影响个体的创新行为。员工价值观认同度的高低会影响个人的创新行为，持有不同工作价值观者对于创新过程的认识可能有所不同，或因持有不同的认知导致不同的创新行为。例如，Huang(1998)等学者的研究将工作价值观分为"实用"和"勤勉"两个维度。重视薪资、学历以及讲究人情或良好关系的"实用"维度，由于强调外在条件的追求或是人际关系的运用，可能并无法增进自身对工作的喜爱，这样可能会造成内在工作动机的减少以及团队迷思的出现，而忽视了自身的学习创新功能，从而使得个体创新行为的产生受到一定的抑制。因此，工作价值观对个人创新行为的影响也需要引起重视。

另外，关注员工特质与团队情境的匹配。根据特质激活理论，特质表现为对特质相关情境线索的反应，因此行为差异可以追溯到人格特质和情境(Tett and Guterman, 2000)，特别是性格和特质对员工工作态度和行为的影响可能取决于情境提供的诱因(情境线索)。因此，这个理论有助于解释员工为什么对组织情境做出不同反应。也就是说，当员工表现出某些人格特质时(Byrne, Stoner, Thompson and Hockwarter, 2005)，团队情境对员工行为的影响就会加剧。此外，研究人员还应该考虑吸引—选择—磨合(ASA)理论，以了解员工对组织情境的不同反应(Ployhart, Weekley和Baughman, 2006)。根据ASA理论，个体对特定团队的偏好是基于对其个人特征和潜在团队属性的一致性的隐含估计。根据这一理论，我们预测具有创新行为的员工会被具有创新氛围的组织所吸引并被这些组织所聘用。此外，我们预测，在创造性员工数量增长的团队中员工流失率相对较高，尤其是当不愿意创新的员工选择离职时。

最后，对个体创新行为的研究要考虑中西方的文化差异并进行比较研究。中国是集体主义文化的国家(Hofstede, 1980)，集体文化更强调个人对整体的顺从，服从集体的利益、目标以及规范。员工的个人创新行为往往被看作对团队和谐的破坏或者对团队主管的挑战，比西方个人主义社会具有更大的个人风险和群体压力。但是，由于中国集体主义文化的影响，人们倾向形成相依自我观(Markus和Kitayama, 1991)，团队成员表现出来的行为具有较高的社会取向(杨国枢, 2005)，即强调个人行为要符合社会规范和角色期望，个人的自尊主要依赖于别人对他的尊敬。因此，团队成员的个人创新行为，并不一定完全出自个人喜好或自主意愿(姜定宇和郑伯壎, 2003)，即当工作团队期望成员表现出创新行为时，员工的创新行为就会表现得越多。因此，在中国背景下开展创新行为形成机理的研究需要考虑我国不同于西方个人主义的文化环境。

主要参考文献

[1]冯旭,鲁若愚,彭蕾.服务企业员工个人创新行为与工作动机、自我效能感关系研究[J].研究与发展管理,2009(3):42-49.

[2]耿昕,石金涛,张文勤.变革型领导、团队创新气氛对组织公民行为的影响——跨层次研究模型[J].科学学与科学技术管理,2009(9):184-187.

[3]顾琴轩,王莉红.人力资本与社会资本对创新行为的影响——基于科研人员个体的实证研究[J].科学学研究,2009(10):1564-1570.

[4]顾远东,彭纪生.组织创新氛围对员工创新行为的影响:创新自我效能感的中介作用[J].南开管理评论,2010(1):30-41.

[5]刘雪峰,张志学.模拟情境中工作团队成员互动过程的初步研究及其测量[J].心理学报,2005,37(2):253-259.

[6]刘电芝,彭杜宏,王秀丽,席斌.团队互动过程研究述评[J].应用心理学,2008(1):91-96.

[7]刘云,石金涛.组织创新气氛对员工创新行为的影响过程研究——基于心理授权的中介效应分析[J].中国软科学,2010(3):133-144.

[8]刘云,石金涛.组织创新气氛与激励偏好对员工创新行为的交互效应研究[J].管理世界,2009(10):88-101,114.

[9]路琳,常河山.目标导向对个体创新行为的影响研究[J].研究与发展管理,2007(6):44-51.

[10]罗瑾琏,王亚斌,钟竞.员工认知方式与创新行为关系研究——以员工心理创新氛围为中介变量[J].研究与发展管理,2010(2):1-8,31.

[11]翁清雄,席酉民.职业成长与离职倾向:职业承诺与感知机会的调节作用[J].南开管理评论,2010(2):119-131.

[12]薛靖,任子平.从社会网络角度探讨个人外部关系资源与创新行为关系的实证研究[J].管理世界,2006(5):150-151,157.

[13]张国梁,卢小君.组织的学习型文化对个体创新行为的影响——动机的中介作用分析[J].研究与发展管理,2010(2):16-23.

[14]张文勤,石金涛,宋琳琳,顾琴轩.团队中的目标取向对个人与团队创新的影响——多层次研究框架[J].科研管理,2008(6):74-81,100.

[15]张文勤,石金涛,刘云.团队成员创新行为的两层影响因素:个人目标取向与团队创新气氛[J].南开管理评论,2010(5):22-30.

[16]Anderson, N.R., West, M.A. Measuring climate for work group innovation: Development and validation of the team climate inventory[J]. Journal of Organizational Behavior, 1998,19(3): 235-258.

[17]Armeli, S., Eisenberger, R., Fasolo, P., Lynch, P. Perceived organizational support and police performance: The moderating influence of socioemotional needs[J]. Journal of Applied Psychology, 1998, 83(2): 288-297.

[18]Bain, P.G., Mann, L., Pirola-Merlo, A. The innovation imperative: The relationships between team climate, innovation, and performance in research and development teams[J].Small Group Research, 2001, 32(1):55-73.

[19]Bettencourt, L.A., Gwinner, K.P., Meuter, M.L. A comparison of attitude, personality and knowledge predictors of service-oriented organizational citizenship behaviors[J].Journal of Applied Psychology, 2001, 86(1): 29-41.

[20]Bradley, J., White, B.J., Mennecke, B.E. Teams and tasks:A temporal framework for the effects of interpersonal interventions on team performance[J].Small Group Research, 2003, 34(3): 353-387.

[21]Carmeli, A., Schaubroeck, J. The influence of leaders' and other referents' normative expectations on individual involvement in creative work[J]. The Leadership Quarterly, 2007, 18(1): 35-48.

[22]Christian, J., Abrams, D. A tale of two cities: predicting homeless people's uptake of outreach programs in London and New York[J].Basic and Applied Social Psychology, 2004, 26(2-3):169-182.

[23]De Dreu C.K.W., West, M.A. Minority dissent and team innovation: The importance of participation in decision making[J]. Journal of Applied Psychology, 2001, 86(6): 1191-1201。

[24]DeShon, R.P., Kozlowski, S. W. J., Schmidt, A. M., Milner, K. R., Wiechmann, D. A multiple-goal, multilevel model of feedback effects on the regulation of individual and team performance[J].Journal of Applied Psychology, 2004, 89(6): 1035-1056.

[25]Dorenbosch, L., van Engen, M., Verhagen, M. On-the-job innovation: The impact of job design and human resource management through production ownership[J]. Creativity and innovation management, 2005, 14 (2): 129-141.

[26]Erdogan, B., Kraimer, M.L., Liden, R.C. Work value congruence and intrinsic career success: The compensatory roles of leader-member exchange and perceived organizational support[J].Personnel Psychology, 2004, 57(2): 305-332.

[27]Estabrooks, P.A., Carron, A.V. The physical activity group environment questionnaire: An instrument for the assessment of cohesion in exercise classes[J]. Group Dynamics: Theory, Research and Practice, 2000, 4(3): 230-243.

[28]Geister, S., Konradt, U., Hertel, G. Effects of process feedback on motivation, satisfaction, and performance in virtual teams[J]. Small Group Research, 2006, 37: 459-489.

[29]Hiller, N.J., Day, D.V., Vance, R.J. Collective enactment of leadership roles and team effectiveness: A field study[J]. Leadership Quarterly, 2006, 17: 387-397.

[30]Hirst, G., van Knippenberg, D., Zhou, J. A cross-level perspective on employee creativity: Goal orientation, team learning behavior, and individual creativity[J]. Academy of Management Journal, 2009, 52(2):280-293.

[31]Ilgen, D.R., Hollenbeck, J.R., Johnson, M., Jundt, D. Teams in organizations: From input-process-output models to IMOI models[J]. Annual Review of Psychology, 2005, 56: 517-543.

[32]Janicik, G.A., Bartel, C.A. Talking about time: Effects of temporal planning and time awareness norms on group coordination and performance[J].Group Dynamics: Theory, Research, and Practice, 2003, 7: 122-134.

[33]Janssen, O. Innovative behaviour and job involvement at the price of conflict and less satisfactory relations with co-workers[J].Journal of Occupational and Organizational Psychology, 2003,76: 347-364.

[34]Janssen, O. Job demands, perceptions of effort-reward fairness, and innovative work behavior[J].Journal of Occupational and organizational psychology, 2000, 73: 287-302.

[35]Janssen, O. The joint impact of perceived influence and supervisor supportiveness on

employee innovative behavior[J]. Journal of Occupational and Organizational Psychology, 2005, 78: 573-579.

[36]Janssen, O., Van De, V., West, M. The bright and dark sides of individual and group innovation: a Special Issue introduction[J]. Journal of Organizational Behavior, 2004, 25: 129-145.

[37]Johnson, M.D., Hollenbeck, J.R., Humphrey, S.E., Ilgen, D.R., Jundt, D., Meyer, C.J. Cutthroat cooperation: Asymmetrical adaptation to changes in team reward structures[J].Academy of Management Journal, 2006, 49: 103-119.

[38]Kleysen, R.F., Street, C.T. Towards a multi-dimensional measure of individual innovative behavior[J].Journal of Intellectual Capital, 2001, 2(3): 284-296.

[39]Krause, D.E. Influence-based leadership as a determinant of the inclination to innovate and of innovation-related behaviors: An empirical investigation[J]. Leadership Quarterly, 2004, 15(1): 79-102.

[40]LePine, J.A., Piccolo, R.F., Jackson, C.L., Mathieu, J.E., Saul, J.R. A meta-analysis of teamwork processes: Tests of a multidimensional model and relationships with team effectiveness criteria. Personnel Psychology, 2008,61(2):273-307.

[41]Manning, M. The effects of subjective norms on behavior in the theory of planned behavior: A meta-analysis[J]. British Journal of Social Psychology, 2009, 48: 649-705.

[42]Marks, M.A., Mathieu, J.E., Zaccaro, S.J. A temporally based framework and taxonomy of team processes[J]. Academy of Management Review, 2001, 26(3): 356-376.

[43]Mathieu, J.E., Rapp, T.L. Laying the foundation for successful team performance trajectories: The role of team charters and deliberate plans[J].Journal of Applied Psychology, 2009, 94: 90-103.

[44]Mathieu, J.E., Schulze, W. The influence of team knowledge and formal plans on episodic team process performance relationships[J]. Academy of Management Journal, 2006, 49: 605-619.

[45]Mathiue, J.E., Taylor, S.R. A framework for testing meso-mediational relationships in organizational behavior[J].Journal of Organization Behavior, 2007, 28:141-172.

[46]Maynard, M.T., Mathieu, J.E., Marsh, W.M., Ruddy, T.M. A multilevel investigation of the influences of employees' resistance to empowerment[J]. Human Performance, 2007, 20: 147-171.

[47]Mumford, M.D. Where have we been, where are we going? Taking stock in creativity research[J]. Creativity Research Journal, 2003, 15(23): 107-120.

[48]Okun, M.A., Karoly, P., Lutz, R. Clarifying the contribution of subjective norm to predicting leisure-time exercise[J]. American Journal of Health Behavior, 2002, 26(4): 296-505.

[49]Oldham, G.R., Cummings, A. Employee creativity: Personal and contextual factors at work[J].Academy of Management Journal, 1996, 39: 607-634.

[50]Ostroff, C., Bowen, D.E. Moving HR to a higher level: HR practices and organizational effectiveness. In K. J. Klein & S. W. J. Koslowski (Eds.), Multilevel theory, research, and methods in organizations, 2000.

[51]Padula G. Enhancing the innovation performance of firms by balancing cohesiveness and bridging ties[J]. Long Range Planning, 2008, 41(4): 395-419.

[52]Parker, S.K. Enhancing role breadth self-efficacy: The role of job enrichment and other organizational interventions[J].Journal of Applied Psychology, 1998, 83: 835-852.

[53]Patterson, M.G., Warr, P.B., West, M.A. Organizational climate and company performance: the role of employee affect and employee level[J]. Journal of Occupational and Organizational Psychology, 2004, 77: 193-216.

[54]Perry-Smith, J.E., Shalley, C.E. The social side of creativity: a static and dynamic social network perspective[J].Academy of Management Review, 2003, 28: 89-106.

[55]Porter, L.H. Goal orientation: Effects on backing up behavior, performance, efficacy, and commitment in teams[J].Journal of Applied Psychology, 2005, 90: 811-818.

[56]Reichers, A.E., Schneider, B. Climate and culture: An evolution of constructs. In: Schneider, B.(Ed.) Organizational Climate and Culture, Jossey-Bass, San Francisco,1990.

[57]Rhoades, L., Eisenberger, R. Perceived organizational support: A review of the literature[J]. Journal of Applied Psychology, 2002,87(4): 698-714.

[58]Sanders, K., Moorkamp, M., Torka, N., Groeneveld, S., Groeneveld, C. How to Support Innovative Behaviour? The Role of LMX and Satisfaction with HR Practices. Technology & Investment, 2010, 1: 59-68.

[59]Scott, S.G., Bruce, R.A. Following the leader in R&D: The joint effect of subordinate problem-solving style and leader-member relations on innovative behavior [J]. IEEE Transactions on Engineering Management, 1998, 45 (1): 3-10.

[60] Shook, C.L., Ketchen, D.J.J., Hult, G.T.M., Kacmar, K.M. An assessment of the use of structural equation modeling in strategic management research[J]. Strategic Management Journal, 2004, 25: 397-404.

[61] Simonton, D.K. Scientific creativity as constrained stochastic behavior: The integration of product, person, and process perspectives[J]. Psychological Bulletin, 2003, 129: 475-494.

[62] Somech, A., Bogler, R. Antecedents and consequences of teacher organizational and professional commitment[J]. Educational Administration Quarterly, 2002, 38: 555-577.

[63] Stewart, G.L., Barrick, M.R. Team structure and performance: Assessing the mediating role of intrateam process and the moderating role of task type[J]. Academy of Management Journal, 2000, 43(2): 135-148.

[64] Turner, B.A., Chelladurai, P. Organizational and occupational commitment, intention to leave, and perceived performance of intercollegiate coaches[J]. Journal of Sport Management, 2005, 19: 193-211.

[65] Wright, N., Drewery, G. Cohesion Among Culturally Heterogeneous Groups[J]. Journal of American Academy of Business, 2002 (1): 66-72.

[66] Xie, J.L., Johns, G. Interactive effects of absence culture salience and group cohesiveness: A multi-level and cross-level analysis of work absenteeism in the Chinese context[J]. Journal of Occupational and Organizational Psychology, 2000, 73: 31-52.

[67] Yanovitzky, I., Rimal, R.N. Communication and normative influence: An introduction to the special issue[J]. Communication Theory, 2006, 16(1): 1-6.

附录

表A1 团队成员预试调研问卷

尊敬的女士/先生：

您好！非常感谢您在百忙之中抽出时间来填写这份问卷。这是一份学术研究问卷，研究的目的就是了解员工的工作特征、职业心理以及工作行为等方面的数据特征，我们希望从中找到能更好地促进工作关系，以及提升企业绩效和促进员工职业发展的有效方法。

您所填答的各项资料仅供于学术研究分析，并且绝对保密，请您放心填答。您对本问卷的认真回答就是您对我们这项研究的热情帮助和支持。对于您的协助，我们由衷地表示感激。

注意事项：

1. 本问卷答案没有对错之分，您只要尽量真实地表达出您的意见即可。
2. 本问卷共有4页，各项题目都只能选择一个答案，请您留意不要漏答。
3. 如果没有完全符合您情况的答案，请选择与您的现状最接近的答案。
4. 敬请您填写问卷后交给我们委托的调查人员。

下述题目是关于您的工作态度、意见及行为方面的陈述，请您逐一阅读下列题目，从中选择一个最符合您的情况的答案，在最能代表您意见的数字上画圈或者打"√"。

编号	问项	非常不同意	不同意	一般	同意	非常同意
cmt01	我愿意付出比他人更多的努力使自己的专业更精湛	1	2	3	4	5
cmt02	我对自己所从事的工作具有技术性而感到骄傲	1	2	3	4	5
cmt03	我对目前从事的技术工作忠诚度很低	1	2	3	4	5
cmt04	我目前从事的专业工作非常适合我所追求的价值目标	1	2	3	4	5
cmt05	若有新的工作机会，我还是希望从事当前领域的技术工作	1	2	3	4	5
cmt06	目前从事的技术工作能充分发挥我的专长	1	2	3	4	5

续表

编号	问项	非常不同意	不同意	一般	同意	非常同意
cmt07	我很庆幸自己能在众多专业领域中选择目前从事的工作	1	2	3	4	5
cmt08	我预期若继续从事目前的职业,未来能获得的报酬不高	1	2	3	4	5
cmt09	我很关心目前所从事工作的专业技术前沿	1	2	3	4	5
cmt10	对于我而言目前从事的专业工作已是最佳的选择	1	2	3	4	5
cmt11	对于我而言成为技术工作者是一个错误	1	2	3	4	5
cmt12	我觉得目前的技术工作能让我发挥自我潜能	1	2	3	4	5
sef01	我能够有创意地实现大部分自己设定的目标	1	2	3	4	5
sef02	面对复杂任务时我总会有新的思路和方法完成他们	1	2	3	4	5
sef03	我想我能够以新颖的方式实现对于我而言重要的工作	1	2	3	4	5
sef04	我相信只要下定决心去努力完成我的创意,大都能成功	1	2	3	4	5
sef05	我能够用新的方法或思路去应对许多挑战	1	2	3	4	5
sef06	我相信自己可以创造性地完成许多不同的任务	1	2	3	4	5
sef07	与其他人相比我可以用新的方法或思路完成大多数任务	1	2	3	4	5
sef08	即使事情再难,我仍可以创造性地完成	1	2	3	4	5
snm01	我的主管会喜欢我在团队内提出新观点并去实施	1	2	3	4	5
snm02	我的主管会赞同我在团队内提出新观点并去实施	1	2	3	4	5
snm03	我的主管会认为我应该在团队内提出新观点并去实施	1	2	3	4	5
snm04	我的同事会喜欢我在团队内提出新观点并去实施	1	2	3	4	5
snm05	我的同事会赞同我在团队内提出新观点并去实施	1	2	3	4	5
snm06	我的同事会认为我应该在团队内提出新观点并去实施	1	2	3	4	5
pos01	我觉得我们公司对我一点儿也不关心	1	2	3	4	5
pos02	我觉得我们公司真的很关心我的福利	1	2	3	4	5
pos03	我觉得我们公司关心我的工作满意度	1	2	3	4	5
pos04	我觉得我们公司会考虑到我个人所追求的目标及价值	1	2	3	4	5
pos05	我们公司会在乎我的意见	1	2	3	4	5
pos06	即使我把工作做得再好,我们公司也不会注意到	1	2	3	4	5
pos07	我们公司会以我在工作上的成就为荣	1	2	3	4	5
pos08	我们公司愿意尽一切力量来帮助我完成工作	1	2	3	4	5
pos09	当我有问题需要帮助时,我们公司会提供适时的协助	1	2	3	4	5
iib01	我会寻求技术、产品、服务或工作流程等方面的改善	1	2	3	4	5
iib02	我会尝试各种新的方法或新的构想	1	2	3	4	5
iib03	我会说服同事关于新方法或新想法的重要性	1	2	3	4	5
iib04	为了实现新构想,我会争取所需要的资源	1	2	3	4	5
iib05	我会拟订适当的计划以落实新构想	1	2	3	4	5
iib06	整体而言,我在工作上有创新的表现	1	2	3	4	5
tip01	接到任务后我们小组立即分析要达到的目标是什么	1	2	3	4	5
tip02	我们小组制订了完成工作的计划	1	2	3	4	5
tip03	我清楚地了解我在活动中承担的任务是什么	1	2	3	4	5

续表

编号	问项	非常不同意	不同意	一般	同意	非常同意
tip04	我们小组的活动是按照预定计划进行的	1	2	3	4	5
tip05	我们小组有一位组员起了主导的作用	1	2	3	4	5
tip06	我们小组中的每位成员都参与讨论完成活动的方案	1	2	3	4	5
tip07	活动中我信任本小组的其他成员会尽职尽责	1	2	3	4	5
tip08	我们小组所有成员都各尽所能	1	2	3	4	5
tip09	我们小组成员之间相互尊重、彼此听取别人的意见	1	2	3	4	5
tci01	我们小组的目标能够被大家所接受	1	2	3	4	5
tci02	我们小组的目标是清楚而易于理解的	1	2	3	4	5
tci03	我们小组的目标是可实现的	1	2	3	4	5
tci04	我们小组的目标对于组织而言是有价值的	1	2	3	4	5
tci05	我们小组成员共同承担工作的成功与失败	1	2	3	4	5
tci06	我们小组成员之间会对工作方面的问题进行沟通	1	2	3	4	5
tci07	我们小组大都能够感觉到自身被大家理解和接受	1	2	3	4	5
tci08	我们小组成员之间愿意分享工作上的信息	1	2	3	4	5
tci09	我们小组会对关键问题进行有计划的安排	1	2	3	4	5
tci10	我们小组经常检讨工作上的缺失以便改进	1	2	3	4	5
tci11	我们小组成员之间互相激发和讨论彼此的想法	1	2	3	4	5
tci12	我们小组会寻找新的方法来解决问题	1	2	3	4	5
tci13	我们小组在新观点的形成上愿意付出一定的时间	1	2	3	4	5
tci14	我们小组成员之间会相互合作以形成解决问题的新思路并去实践	1	2	3	4	5

以下部分仅做统计分类使用,敬请不要漏填。

1.您的性别是:

A.男　　　　　B.女

2.您的年龄是:

A.25岁及以下　B.26~35岁　　C.36~45岁　　　D.46~55岁　　　E.56岁及以上

3.您的文化程度是:

A.大专及以下　B.本科　　　　C.硕士　　　　D.博士

4.您的婚姻状况:

A.已婚　　　　B.未婚

5.您从事目前职业的时间是:

A.0~2年　　　B.2~4年　　　C.4~6年　　　D.6年及以上

6.您在该小组的任期是:

A.0~2年　　　B.2~4年　　　C.4~6年　　　D.6年及以上

＊＊＊＊＊问卷到此结束,再次感谢您的大力支持!＊＊＊＊＊＊

附表A2 团队成员正式调研问卷

尊敬的女士/先生：

您好！非常感谢您在百忙之中抽出时间来填写这份问卷。这是一份学术研究问卷，研究的目的就是了解员工的工作特征、职业心理以及工作行为等方面的数据特征，我们希望从中找到能更好地促进工作关系，以及提升企业绩效和促进员工职业发展的有效方法。

您所填答的各项资料仅供于学术研究分析，并且绝对保密，请您放心填答。您对本问卷的认真回答就是您对我们这项研究的热情帮助和支持。对于您的协助，我们由衷地表示感激。

注意事项：

1. 本问卷答案没有对错之分，您只要尽量真实地表达出您的意见即可。
2. 各项题目都只能选择一个答案，请您留意不要漏答。
3. 如果没有完全符合您情况的答案，请选择与您的现状最接近的答案。
4. 敬请您填写问卷后交给我们委托的调查人员。

下述题目是关于您的工作态度、意见及行为方面的陈述，请您逐一阅读下列题目，从中选择一个最符合您的情况的答案，在最能代表您的意见的数字上画圈或者打"√"。

编号	问项	非常不同意	不同意	一般	同意	非常同意
cmt01	我愿意付出比他人更多的努力使自己的专业更精湛	1	2	3	4	5
cmt02	我对自己所从事的工作具有技术性而感到骄傲	1	2	3	4	5
cmt03	我对目前从事的技术工作忠诚度很低	1	2	3	4	5
cmt04	我目前从事的专业工作非常适合我所追求的价值目标	1	2	3	4	5
cmt05	若有新的工作机会，我还是希望从事当前领域的技术工作	1	2	3	4	5
cmt06	目前从事的技术工作能充分发挥我的专长	1	2	3	4	5
cmt07	我很庆幸自己能在众多专业领域中选择目前从事的工作	1	2	3	4	5
cmt08	我预期若继续从事目前的职业，未来能获得的报酬不高	1	2	3	4	5
cmt09	我很关心目前所从事工作的专业技术前沿	1	2	3	4	5
cmt10	对于我而言目前从事的专业工作已是最佳的选择	1	2	3	4	5
cmt11	对于我而言成为技术工作者是一个错误	1	2	3	4	5
cmt12	我觉得目前的技术工作能让我发挥自我潜能	1	2	3	4	5
sef01	我能够有创意地实现大部分自己设定的目标	1	2	3	4	5
sef02	面对复杂任务时我总会有新的思路和方法完成他们	1	2	3	4	5
sef03	我想我能够以新颖的方式实现对于我而言重要的工作	1	2	3	4	5

续表

编号	问项	非常不同意	不同意	一般	同意	非常同意
sef04	我相信只要下定决心去努力完成我的创意,大都能成功	1	2	3	4	5
sef05	我能够用新的方法或思路去应对许多挑战	1	2	3	4	5
sef06	我相信自己可以创造性地完成许多不同的任务	1	2	3	4	5
sef07	与其他人相比我可以用新的方法或思路完成大多数任务	1	2	3	4	5
sef08	即使事情再难,我仍可以创造性地完成	1	2	3	4	5
snm01	我的主管会喜欢我在团队内提出新观点并去实施	1	2	3	4	5
snm02	我的主管会赞同我在团队内提出新观点并去实施	1	2	3	4	5
snm03	我的主管会认为我应该在团队内提出新观点并去实施	1	2	3	4	5
snm04	我的同事会喜欢我在团队内提出新观点并去实施	1	2	3	4	5
snm05	我的同事会赞同我在团队内提出新观点并去实施	1	2	3	4	5
snm06	我的同事会认为我应该在团队内提出新观点并去实施	1	2	3	4	5
pos02	我觉得我们公司真的很关心我的福利	1	2	3	4	5
pos03	我觉得我们公司关心我的工作满意度	1	2	3	4	5
pos04	我觉得我们公司会考虑到我个人所追求的目标及价值	1	2	3	4	5
pos05	我们公司会在乎我的意见	1	2	3	4	5
pos07	我们公司会以我在工作上的成就为荣	1	2	3	4	5
pos08	我们公司愿意尽一切力量来帮助我完成工作	1	2	3	4	5
pos09	当我有问题需要帮助时,我们公司会提供适时的协助	1	2	3	4	5
tip01	接到任务后我们小组立即分析要达到的目标是什么	1	2	3	4	5
tip02	我们小组制订了完成工作的计划	1	2	3	4	5
tip03	我清楚地了解我在活动中承担的任务是什么	1	2	3	4	5
tip04	我们小组的活动是按照预定计划进行的	1	2	3	4	5
tip05	我们小组有一位组员起了主导的作用	1	2	3	4	5
tip06	我们小组中的每位成员都参与讨论完成活动的方案	1	2	3	4	5
tip07	活动中我信任本小组的其他成员会尽职尽责	1	2	3	4	5
tip09	我们小组成员之间相互尊重、彼此听取别人的意见	1	2	3	4	5
tci02	我们小组的目标是清楚而易于理解的	1	2	3	4	5
tci03	我们小组的目标是可实现的	1	2	3	4	5
tci04	我们小组的目标对于组织而言是有价值的	1	2	3	4	5
tci05	我们小组成员共同承担工作的成功与失败	1	2	3	4	5
tci06	我们小组成员之间会对工作方面的问题进行沟通	1	2	3	4	5
tci07	我们小组大都能够感觉到自身被大家理解和接受	1	2	3	4	5
tci08	我们小组成员之间愿意分享工作上的信息	1	2	3	4	5
tci12	我们小组会寻找新的方法来解决问题	1	2	3	4	5
tci13	我们小组在新观点的形成上愿意付出一定的时间	1	2	3	4	5
tci14	我们小组成员之间会相互合作以形成解决问题的新思路并去实践	1	2	3	4	5

以下部分仅做统计分类使用,敬请不要漏填。

1.您的性别是:

A.男　　　　　B.女

2.您的年龄是:

A.25岁及以下　B.26～35岁　C.36～45岁　D.46～55岁　E.56岁及以上

3.您的文化程度是:

A.大专及以下　B.本科　　　C.硕士　　　D.博士

4.您的婚姻状况:

A.已婚　　　　B.未婚

5.您从事目前职业的时间是:

A.0～2年　　　B.2～4年　　C.4～6年　　D.6年及以上

6.您在该小组的任期是:

A.0～2年　　　B.2～4年　　C.4～6年　　D.6年及以上

******问卷到此结束,再次感谢您的大力支持! ******

表A3 团队成员同事正式调研问卷

尊敬的女士/先生：

您好！非常感谢您在百忙之中抽出时间来填写这份问卷。这是一份学术研究问卷，研究的目的就是了解您所在工作小组的同事在行为等方面的数据特征，我们希望能从中找到更好地促进工作关系以及提升企业绩效的有效方法。

您所填答的各项资料仅供于学术研究分析，并且绝对保密，请您放心填答。您对本问卷的认真回答就是您对我们这项研究的热情帮助和支持。对于您的协助，我们由衷地表示感激。

注意事项：

1. 本问卷答案没有对错之分，您只要尽量真实地表达出您的意见即可。
2. 各项题目都只能选择一个答案，请您留意不要漏答。
3. 如果没有完全符合您情况的答案，请选择与您的现状最接近的答案。
4. 敬请您填写问卷后交给我们委托的调查人员。

下述题目是关于您的同事A、同事B以及同事C以及同事D在工作行为表现方面的数据特征，请您逐一阅读下列题目，从中选择一个最符合您的情况的答案，在最能代表您的意见的数字上画圈或者打"√"。

编号	问项	非常不同意	不同意	一般	同意	非常同意
评价对象：A同事						
iib01	A主动寻求技术、产品、服务或工作流程等方面的改善	1	2	3	4	5
iib02	A在工作中经常尝试各种新的方法或新的构想	1	2	3	4	5
iib03	A经常说服我们大家关于新方法或新想法的重要性	1	2	3	4	5
iib04	为了实现新的构想，A经常努力争取所需要的支持	1	2	3	4	5
iib05	A经常拟订适当的计划以落实他的新构想	1	2	3	4	5
iib06	整体而言，A在工作上有创新的表现	1	2	3	4	5
评价对象：B同事						
iib01	B主动寻求技术、产品、服务或工作流程等方面的改善	1	2	3	4	5
iib02	B在工作中经常尝试各种新的方法或新的构想	1	2	3	4	5
iib03	B经常说服我们大家关于新方法或新想法的重要性	1	2	3	4	5
iib04	为了实现新的构想，B经常努力争取所需要的支持	1	2	3	4	5
iib05	B经常拟订适当的计划以落实他的新构想	1	2	3	4	5
iib06	整体而言，B在工作上有创新的表现	1	2	3	4	5

续表

编号	问项	非常不同意	不同意	一般	同意	非常同意
评价对象:C同事						
iib01	C主动寻求技术、产品、服务或工作流程等方面的改善	1	2	3	4	5
iib02	C在工作中经常尝试各种新的方法或新的构想	1	2	3	4	5
iib03	C经常说服我们大家关于新方法或新想法的重要性	1	2	3	4	5
iib04	为了实现新的构想,C经常努力争取所需要的支持	1	2	3	4	5
iib05	C经常拟订适当的计划以落实他的新构想	1	2	3	4	5
iib06	整体而言,C在工作上有创新的表现	1	2	3	4	5
评价对象:D同事(纸质问卷不需要对D同事进行评价)						
iib01	D主动寻求技术、产品、服务或工作流程等方面的改善	1	2	3	4	5
iib02	D在工作中经常尝试各种新的方法或新的构想	1	2	3	4	5
iib03	D经常说服我们大家关于新方法或新想法的重要性	1	2	3	4	5
iib04	为了实现新的构想,D经常努力争取所需要的支持	1	2	3	4	5
iib05	D经常拟订适当的计划以落实他的新构想	1	2	3	4	5
iib06	整体而言,D在工作上有创新的表现	1	2	3	4	5

以下是您以及您的同事A、B、C、D所在小组的特征,敬请不要漏选。

1.您所在小组的规模是:

A.2~4人　　　　B.5~7人　　　　C.8~10人　　　　D.11人及以上

2.您所在企业的行业是:

A.机械制造　　　B.电子通信　　　C.计算机及软件　　　D.生物制药

E.电气设备　　　F.化学化工　　　G.冶金能源　　　H.食品制造

I.服务业　　　　J.其他　　(请注明)

3.您所在企业的性质:

A.国有企业　　　B.民营企业　　　C.外资企业

D.中外合资企业　E.其他　　(请注明)

4.您的企业的规模(员工人数)是:

A.50人及以下　　B.51~100人　　　C.101~200人　　　D.201~500人

E.501~1000人　　F.1001人及以上

* * * * * *问卷到此结束,再次感谢您的大力支持! * * * * * *

表A4 预试问卷测量问项的描述性统计结果

项目编号	样本数	平均值	标准差	偏度	峰度
cmt01	232	4.466	0.657	−1.211	1.822
cmt02	232	4.134	0.834	−0.571	−0.324
cmt03	231	4.108	1.022	−1.229	1.211
cmt04	230	3.513	0.979	−0.361	−0.037
cmt05	230	3.670	1.000	−0.515	−0.262
cmt06	231	3.593	0.899	−0.300	0.000
cmt07	227	3.520	0.993	−0.370	−0.105
cmt08	232	3.035	1.089	−0.028	−0.732
cmt09	232	4.060	0.871	−0.951	1.063
cmt10	232	3.194	0.981	−0.065	−0.393
cmt11	231	3.996	0.958	−0.860	0.291
cmt12	231	3.463	0.863	−0.069	−0.272
sef01	232	3.599	0.821	−0.369	0.342
sef02	231	3.758	0.724	−0.083	−0.307
sef03	230	3.809	0.769	−0.528	0.492
sef04	232	3.776	0.874	−0.765	0.937
sef05	232	3.819	0.751	−0.245	−0.211
sef06	231	3.732	0.789	−0.447	0.488
sef07	231	3.667	0.773	−0.144	−0.330
sef08	232	3.500	0.800	−0.128	−0.187
snm01	232	3.375	0.917	−0.373	−0.019
snm02	232	3.401	0.616	−0.512	−0.623
snm03	232	3.159	0.914	−0.048	0.055
snm04	232	3.556	0.771	−0.247	−0.300
snm05	232	3.888	0.861	−0.481	−0.337
snm06	232	3.750	0.901	−0.524	0.407
pos01	231	3.394	1.032	−0.394	−0.121
pos02	232	2.931	1.038	−0.283	−0.441
pos03	230	3.191	0.929	−0.357	−0.101
pos04	231	2.970	0.980	−0.191	−0.314
pos05	232	2.927	0.892	−0.262	−0.100
pos06	232	3.401	1.006	−0.305	−0.290
pos07	232	3.172	0.933	−0.286	0.153

续表

项目编号	样本数	平均值	标准差	偏度	峰度
pos08	231	3.147	0.862	−0.207	0.283
pos09	232	3.431	0.895	−0.486	0.256
iib01	232	4.000	0.671	−0.260	0.029
iib02	232	3.948	0.707	−0.223	−0.218
iib03	231	3.654	0.764	−0.205	0.064
iib04	232	3.733	0.788	−0.451	0.225
iib05	230	3.783	0.757	−0.469	0.463
iib06	232	3.651	0.717	−0.436	0.886
tip01	232	3.741	0.999	−0.776	0.251
tip02	232	3.392	1.022	−0.405	−0.254
tip03	232	3.625	0.941	−0.508	0.018
tip04	232	3.349	1.071	−0.349	−0.465
tip05	232	3.707	0.501	−1.424	1.051
tip06	232	3.091	0.938	−0.182	−0.330
tip07	232	3.013	0.965	0.091	−0.342
tip08	232	3.116	1.112	−0.118	−0.686
tip09	232	3.491	0.566	−0.544	−0.714
tci01	232	3.569	0.850	−0.751	0.858
tci02	232	3.668	0.862	−0.777	1.040
tci03	231	3.701	0.845	−0.780	1.072
tci04	232	3.866	0.758	−0.613	1.070
tci05	232	3.599	0.962	−0.594	0.266
tci06	232	3.785	0.866	−0.697	0.736
tci07	231	3.619	0.929	−0.451	−0.086
tci08	230	3.691	0.913	−0.701	0.591
tci09	231	3.801	0.867	−0.935	1.464
tci10	232	3.642	0.938	−0.562	0.087
tci11	231	3.533	0.927	−0.493	0.245
tci12	231	3.719	0.841	−0.800	1.171
tci13	231	3.736	0.887	−0.625	0.446
tci14	231	3.779	0.849	−0.679	0.848

表A5 预试问卷测量题项的分辨度水平分析

	组别	数量	平均值	标准差	标准误
cmt01	1	72	4.181	0.775	0.091
	2	68	4.809	0.396	0.048
cmt02	1	72	3.597	0.799	0.094
	2	68	4.677	0.701	0.085
cmt03	1	71	3.549	0.923	0.109
	2	68	4.750	0.608	0.074
cmt04	1	72	2.653	0.790	0.093
	2	66	4.409	0.607	0.075
cmt05	1	72	2.875	1.006	0.119
	2	67	4.463	0.611	0.075
cmt06	1	72	2.861	0.698	0.082
	2	67	4.299	0.697	0.085
cmt07	1	71	2.634	0.797	0.095
	2	67	4.403	0.629	0.077
cmt08	1	72	2.542	1.087	0.128
	2	68	3.647	1.048	0.127
cmt09	1	72	3.486	1.007	0.119
	2	68	4.603	0.602	0.073
cmt10	1	72	2.458	0.838	0.099
	2	68	4.059	0.790	0.096
cmt11	1	72	3.319	1.005	0.118
	2	68	4.691	0.496	0.060
cmt12	1	72	2.819	0.589	0.069
	2	68	4.177	0.752	0.091
sef01	1	66	2.788	0.621	0.076
	2	67	4.224	0.573	0.070
sef02	1	66	3.136	0.605	0.074
	2	67	4.343	0.565	0.069
sef03	1	66	3.152	0.728	0.090
	2	67	4.373	0.599	0.073
sef04	1	66	3.000	0.841	0.104
	2	67	4.463	0.559	0.068
sef05	1	66	3.106	0.636	0.078
	2	67	4.508	0.533	0.065
sef06	1	65	3.077	0.714	0.089

续表

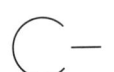

	组别	数量	平均值	标准差	标准误
	2	67	4.403	0.552	0.067
sef07	1	66	3.030	0.679	0.084
	2	66	4.349	0.568	0.070
sef08	1	66	2.803	0.613	0.075
	2	67	4.164	0.642	0.078
snm01	1	66	2.439	0.767	0.094
	2	73	4.205	0.499	0.058
snm02	1	66	2.803	0.401	0.049
	2	73	3.973	0.164	0.019
snm03	1	66	2.288	0.760	0.094
	2	73	3.918	0.702	0.082
snm04	1	66	2.758	0.583	0.072
	2	73	4.205	0.526	0.062
snm05	1	66	2.985	0.712	0.088
	2	73	4.616	0.517	0.061
snm06	1	66	3.000	0.877	0.108
	2	73	4.493	0.604	0.071
pos01	1	61	2.607	0.971	0.124
	2	72	4.111	0.943	0.111
pos02	1	62	1.935	0.847	0.108
	2	72	3.819	0.793	0.093
pos03	1	61	2.361	0.967	0.124
	2	72	3.889	0.571	0.067
pos04	1	61	1.951	0.717	0.092
	2	72	3.931	0.565	0.067
pos05	1	62	2.048	0.756	0.096
	2	72	3.639	0.657	0.077
pos06	1	62	2.839	1.104	0.140
	2	72	4.014	0.927	0.109
pos07	1	62	2.290	0.876	0.111
	2	72	3.903	0.632	0.074
pos08	1	61	2.328	0.769	0.098
	2	72	3.917	0.575	0.068
pos09	1	62	2.581	0.841	0.107
	2	72	4.194	0.493	0.058
iib01	1	67	3.388	0.602	0.074
	2	103	4.359	0.482	0.048

续表

	组别	数量	平均值	标准差	标准误
iib02	1	67	3.194	0.557	0.068
	2	103	4.408	0.513	0.051
iib03	1	66	2.939	0.605	0.074
	2	103	4.204	0.531	0.052
iib04	1	67	2.970	0.696	0.085
	2	103	4.243	0.551	0.054
iib05	1	66	3.091	0.673	0.083
	2	102	4.245	0.571	0.056
iib06	1	67	3.060	0.694	0.085
	2	103	4.107	0.503	0.050
tip01	1	70	2.829	1.007	0.120
	2	70	4.414	0.602	0.072
tip02	1	70	2.457	0.943	0.113
	2	70	4.171	0.742	0.089
tip03	1	70	2.814	0.906	0.108
	2	70	4.357	0.615	0.073
tip04	1	70	2.386	0.906	0.108
	2	70	4.129	0.850	0.102
tip05	1	70	3.143	0.519	0.062
	2	70	4.000	0.000	0.000
tip06	1	70	2.629	1.066	0.127
	2	70	3.729	1.154	0.138
tip07	1	70	2.400	0.954	0.114
	2	70	3.657	0.778	0.093
tip08	1	70	2.457	0.928	0.111
	2	70	3.771	0.745	0.089
tip09	1	70	3.129	0.509	0.061
	2	70	3.914	0.329	0.039
tci01	1	67	2.910	0.848	0.104
	2	88	4.114	0.615	0.066
tci02	1	67	2.910	0.917	0.112
	2	88	4.216	0.513	0.055
tci03	1	67	2.940	0.868	0.106
	2	87	4.276	0.475	0.051
tci04	1	67	3.224	0.775	0.095
	2	88	4.341	0.500	0.053
tci05	1	67	2.582	0.742	0.091

续表

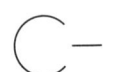

	组别	数量	平均值	标准差	标准误
	2	88	4.375	0.510	0.054
tci06	1	67	2.940	0.795	0.097
	2	88	4.432	0.521	0.056
tci07	1	67	2.687	0.763	0.093
	2	87	4.345	0.524	0.056
tci08	1	67	2.776	0.832	0.102
	2	87	4.414	0.495	0.053
tci09	1	67	2.940	0.886	0.108
	2	88	4.398	0.515	0.055
tci10	1	67	2.746	0.804	0.098
	2	88	4.318	0.635	0.068
tci11	1	66	2.652	0.794	0.098
	2	88	4.205	0.646	0.069
tci12	1	66	2.924	0.829	0.102
	2	88	4.284	0.586	0.062
tci13	1	66	3.045	0.773	0.095
	2	88	4.341	0.709	0.076
tci14	1	66	3.030	0.859	0.106
	2	88	4.386	0.490	0.052

注：组别1为低分组，组别2为高分组，各取小样本总体的27%，但由于分割点分割的人数不相同，因而在后面的分析中会形成两组个数不相同的情形。

表A6 预试问卷题项27%高低分组独立样本T检验结果

		Levene's方差齐性检验		t-test for Equality of Means				95%置信区间	
		F值	Sig.显著性	t值	t值显著性（双尾）	均值差	差异值标准误	下限	上限
cmt01	EVA	13.952	0.000	-5.986	0.000	-0.628	0.105	-0.836	-0.421
	EVNA			-6.087	0.000	-0.628	0.103	-0.833	-0.424
cmt02	EVA	7.439	0.007	-8.478	0.000	-1.079	0.127	-1.331	-0.828
	EVNA			-8.510	0.000	-1.079	0.127	-1.330	-0.828
cmt03	EVA	19.944	0.000	-9.020	0.000	-1.201	0.133	-1.464	-0.937
	EVNA			-9.097	0.000	-1.201	0.132	-1.462	-0.939
cmt04	EVA	1.734	0.190	-14.546	0.000	-1.756	0.121	-1.995	-1.518
	EVNA			-14.711	0.000	-1.756	0.119	-1.992	-1.520
cmt05	EVA	9.545	0.002	-11.143	0.000	-1.588	0.142	-1.869	-1.306
	EVNA			-11.330	0.000	-1.588	0.140	-1.865	-1.310
cmt06	EVA	1.677	0.198	-12.141	0.000	-1.437	0.118	-1.672	-1.203
	EVNA			-12.142	0.000	-1.437	0.118	-1.672	-1.203
cmt07	EVA	2.191	0.141	-14.417	0.000	-1.769	0.123	-2.012	-1.527
	EVNA			-14.515	0.000	-1.769	0.122	-2.010	-1.528
cmt08	EVA	0.114	0.736	-6.121	0.000	-1.105	0.181	-1.462	-0.748
	EVNA			-6.127	0.000	-1.105	0.180	-1.462	-0.749
cmt09	EVA	16.847	0.000	-7.908	0.000	-1.117	0.141	-1.396	-0.838
	EVNA			-8.016	0.000	-1.117	0.139	-1.393	-0.841
cmt10	EVA	5.191	0.024	-11.615	0.000	-1.600	0.138	-1.873	-1.328
	EVNA			-11.635	0.000	-1.600	0.138	-1.872	-1.328
cmt11	EVA	30.997	0.000	-10.149	0.000	-1.372	0.135	-1.639	-1.104
	EVNA			-10.328	0.000	-1.372	0.133	-1.635	-1.108
cmt12	EVA	1.888	0.172	-11.921	0.000	-1.357	0.114	-1.582	-1.132
	EVNA			-11.840	0.000	-1.357	0.115	-1.584	-1.130
sef01	EVA	0.047	0.829	-13.872	0.000	-1.436	0.104	-1.641	-1.231
	EVNA			-13.864	0.000	-1.436	0.104	-1.641	-1.231
sef02	EVA	2.095	0.150	-11.890	0.000	-1.207	0.102	-1.408	-1.006
	EVNA			-11.884	0.000	-1.207	0.102	-1.408	-1.006
sef03	EVA	0.133	0.716	-10.572	0.000	-1.222	0.116	-1.450	-0.993
	EVNA			-10.556	0.000	-1.222	0.116	-1.451	-0.993
sef04	EVA	0.040	0.841	-11.824	0.000	-1.463	0.124	-1.707	-1.218
	EVNA			-11.789	0.000	-1.463	0.124	-1.708	-1.217
sef05	EVA	1.803	0.182	-13.787	0.000	-1.401	0.102	-1.602	-1.200

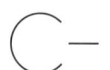

续表

		Levene's方差齐性检验		t-test for Equality of Means					
		F值	Sig. 显著性	t值	t值显著性（双尾）	均值差	差异值标准误	95%置信区间 下限	上限
	EVNA			−13.768	0.000	−1.401	0.102	−1.603	−1.200
sef06	EVA	0.219	0.640	−11.959	0.000	−1.326	0.111	−1.545	−1.107
	EVNA			−11.913	0.000	−1.326	0.111	−1.546	−1.106
sef07	EVA	0.422	0.517	−12.099	0.000	−1.318	0.109	−1.534	−1.103
	EVNA			−12.099	0.000	−1.318	0.109	−1.534	−1.103
sef08	EVA	0.200	0.655	−12.501	0.000	−1.361	0.109	−1.577	−1.146
	EVNA			−12.506	0.000	−1.361	0.109	−1.576	−1.146
snm01	EVA	22.407	0.000	−16.238	0.000	−1.766	0.109	−1.981	−1.551
	EVNA			−15.907	0.000	−1.766	0.111	−1.986	−1.546
snm02	EVA	58.968	0.000	−22.902	0.000	−1.170	0.051	−1.271	−1.069
	EVNA			−22.089	0.000	−1.170	0.053	−1.275	−1.064
snm03	EVA	1.880	0.173	−13.143	0.000	−1.630	0.124	−1.875	−1.385
	EVNA			−13.090	0.000	−1.630	0.125	−1.876	−1.384
snm04	EVA	1.568	0.213	−15.389	0.000	−1.448	0.094	−1.634	−1.262
	EVNA			−15.308	0.000	−1.448	0.095	−1.635	−1.261
snm05	EVA	0.150	0.699	−15.555	0.000	−1.632	0.105	−1.839	−1.424
	EVNA			−15.313	0.000	−1.632	0.107	−1.843	−1.421
snm06	EVA	0.061	0.805	−11.784	0.000	−1.493	0.127	−1.744	−1.243
	EVNA			−11.572	0.000	−1.493	0.129	−1.749	−1.238
pos01	EVA	2.455	0.120	−9.046	0.000	−1.505	0.166	−1.834	−1.176
	EVNA			−9.024	0.000	−1.505	0.167	−1.835	−1.175
pos02	EVA	2.379	0.125	−13.288	0.000	−1.884	0.142	−2.164	−1.604
	EVNA			−13.223	0.000	−1.884	0.142	−2.166	−1.602
pos03	EVA	21.916	0.000	−11.296	0.000	−1.528	0.135	−1.796	−1.261
	EVNA			−10.850	0.000	−1.528	0.141	−1.808	−1.249
pos04	EVA	4.536	0.035	−17.801	0.000	−1.980	0.111	−2.200	−1.760
	EVNA			−17.457	0.000	−1.980	0.113	−2.204	−1.755
pos05	EVA	0.088	0.768	−13.035	0.000	−1.591	0.122	−1.832	−1.349
	EVNA			−12.899	0.000	−1.591	0.123	−1.835	−1.346
pos06	EVA	3.888	0.051	−6.698	0.000	−1.175	0.175	−1.522	−0.828
	EVNA			−6.611	0.000	−1.175	0.178	−1.527	−0.823
pos07	EVA	14.900	0.000	−12.339	0.000	−1.612	0.131	−1.871	−1.354
	EVNA			−12.050	0.000	−1.612	0.134	−1.878	−1.347
pos08	EVA	15.391	0.000	−13.611	0.000	−1.589	0.117	−1.820	−1.358
	EVNA			−13.295	0.000	−1.589	0.120	−1.826	−1.352
pos09	EVA	21.537	0.000	−13.773	0.000	−1.614	0.117	−1.846	−1.382

续表

		Levene's 方差齐性检验		t-test for Equality of Means					
		F值	Sig.显著性	t值	t值显著性（双尾）	均值差	差异值标准误	95%置信区间	
								下限	上限
	EVNA			−13.277	0.000	−1.614	0.122	−1.855	−1.372
iib01	EVA	7.260	0.008	−11.622	0.000	−0.971	0.084	−1.136	−0.806
	EVNA			−11.094	0.000	−0.971	0.088	−1.145	−0.798
iib02	EVA	4.071	0.045	−14.566	0.000	−1.214	0.083	−1.378	−1.049
	EVNA			−14.315	0.000	−1.214	0.085	−1.381	−1.046
iib03	EVA	0.547	0.461	−14.307	0.000	−1.264	0.088	−1.439	−1.090
	EVNA			−13.904	0.000	−1.264	0.091	−1.444	−1.085
iib04	EVA	0.100	0.752	−13.254	0.000	−1.273	0.096	−1.462	−1.083
	EVNA			−12.621	0.000	−1.273	0.101	−1.472	−1.073
iib05	EVA	0.023	0.881	−11.924	0.000	−1.154	0.097	−1.345	−0.963
	EVNA			−11.509	0.000	−1.154	0.100	−1.353	−0.956
iib06	EVA	1.724	0.191	−11.395	0.000	−1.047	0.092	−1.229	−0.866
	EVNA			−10.664	0.000	−1.047	0.098	−1.242	−0.853
tip01	EVA	12.386	0.001	−11.311	0.000	−1.586	0.140	−1.863	−1.309
	EVNA			−11.311	0.000	−1.586	0.140	−1.863	−1.308
tip02	EVA	7.895	0.006	−11.955	0.000	−1.714	0.143	−1.998	−1.431
	EVNA			−11.955	0.000	−1.714	0.143	−1.998	−1.431
tip03	EVA	5.893	0.016	−11.794	0.000	−1.543	0.131	−1.802	−1.284
	EVNA			−11.794	0.000	−1.543	0.131	−1.802	−1.284
tip04	EVA	3.735	0.055	−11.741	0.000	−1.743	0.148	−2.036	−1.449
	EVNA			−11.741	0.000	−1.743	0.148	−2.036	−1.449
tip05	EVA	71.425	0.000	−13.823	0.000	−0.857	0.062	−0.980	−0.735
	EVNA			−13.823	0.000	−0.857	0.062	−0.981	−0.733
tip06	EVA	0.199	0.656	−5.860	0.000	−1.100	0.188	−1.471	−0.729
	EVNA			−5.860	0.000	−1.100	0.188	−1.471	−0.729
tip07	EVA	1.434	0.233	−8.544	0.000	−1.257	0.147	−1.548	−0.966
	EVNA			−8.544	0.000	−1.257	0.147	−1.548	−0.966
tip08	EVA	5.221	0.024	−9.240	0.000	−1.314	0.142	−1.596	−1.033
	EVNA			−9.240	0.000	−1.314	0.142	−1.596	−1.033
tip09	EVA	11.511	0.001	−10.850	0.000	−0.786	0.072	−0.929	−0.643
	EVNA			−10.850	0.000	−0.786	0.072	−0.929	−0.642
tci01	EVA	7.168	0.008	−10.241	0.000	−1.203	0.117	−1.435	−0.971
	EVNA			−9.816	0.000	−1.203	0.123	−1.446	−0.960
tci02	EVA	8.637	0.004	−11.251	0.000	−1.305	0.116	−1.535	−1.076
	EVNA			−10.474	0.000	−1.305	0.125	−1.553	−1.058
tci03	EVA	4.233	0.041	−12.183	0.000	−1.336	0.110	−1.552	−1.119

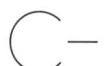

续表

		Levene's方差齐性检验		t-test for Equality of Means					
		F值	Sig.显著性	t值	t值显著性（双尾）	均值差	差异值标准误	95%置信区间下限	95%置信区间上限
	EVNA			−11.351	0.000	−1.336	0.118	−1.569	−1.102
tci04	EVA	5.057	0.026	−10.874	0.000	−1.117	0.103	−1.320	−0.914
	EVNA			−10.279	0.000	−1.117	0.109	−1.332	−0.902
tci05	EVA	9.802	0.002	−17.819	0.000	−1.793	0.101	−1.992	−1.594
	EVNA			−16.969	0.000	−1.793	0.106	−2.002	−1.584
tci06	EVA	0.336	0.563	−14.075	0.000	−1.492	0.106	−1.701	−1.282
	EVNA			−13.327	0.000	−1.492	0.112	−1.713	−1.270
tci07	EVA	8.538	0.004	−15.965	0.000	−1.658	0.104	−1.863	−1.453
	EVNA			−15.234	0.000	−1.658	0.109	−1.874	−1.443
tci08	EVA	5.033	0.026	−15.205	0.000	−1.638	0.108	−1.850	−1.425
	EVNA			−14.285	0.000	−1.638	0.115	−1.865	−1.410
tci09	EVA	2.286	0.133	−12.852	0.000	−1.457	0.113	−1.681	−1.233
	EVNA			−12.013	0.000	−1.457	0.121	−1.698	−1.217
tci10	EVA	2.407	0.123	−13.598	0.000	−1.572	0.116	−1.800	−1.344
	EVNA			−13.174	0.000	−1.572	0.119	−1.808	−1.336
tci11	EVA	4.999	0.027	−13.374	0.000	−1.553	0.116	−1.782	−1.324
	EVNA			−12.988	0.000	−1.553	0.120	−1.790	−1.316
tci12	EVA	0.519	0.473	−11.927	0.000	−1.360	0.114	−1.585	−1.135
	EVNA			−11.369	0.000	−1.360	0.120	−1.597	−1.123
tci13	EVA	0.158	0.692	−10.790	0.000	−1.295	0.120	−1.533	−1.058
	EVNA			−10.657	0.000	−1.295	0.122	−1.536	−1.055
tci14	EVA	1.497	0.223	−12.378	0.000	−1.356	0.110	−1.573	−1.140
	EVNA			−11.502	0.000	−1.356	0.118	−1.590	−1.122

注：为了简化表格，此处"EVA"表示"假设高分组和低分组方差相等"（Equal variances not assumed），"EVNA"表示"假设高分组和低分组方差不等"（Equal variances not assumed）。

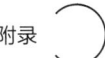

表A7 正式问卷测量问项的描述性统计

测量条款	样本数	最大值	最小值	均值	标准差	偏态	峰度
cmt01	763	1	5	4.258	0.820	−1.368	2.570
cmt02	765	1	5	3.958	0.864	−0.602	0.139
cmt03	763	1	5	3.962	1.014	−1.044	0.803
cmt04	762	1	5	3.529	0.900	−0.190	−0.113
cmt05	762	1	5	3.639	0.951	−0.531	0.063
cmt06	762	1	5	3.609	0.862	−0.364	0.184
cmt07	760	1	5	3.607	0.890	−0.571	0.412
cmt08	762	1	5	2.825	1.040	0.192	−0.699
cmt09	765	1	5	3.952	0.820	−0.568	0.303
cmt10	763	1	5	3.345	0.934	−0.125	−0.330
cmt11	765	1	5	3.658	1.187	−0.604	−0.672
cmt12	761	1	5	3.524	0.909	−0.573	0.386
sef01	765	2	5	3.584	0.723	−0.099	−0.240
sef02	763	1	5	3.788	0.754	−0.161	−0.150
sef03	764	2	5	3.772	0.742	−0.051	−0.450
sef04	765	2	5	3.776	0.715	−0.030	−0.398
sef05	765	1	5	3.800	0.726	−0.211	−0.054
sef06	765	1	5	3.767	0.763	−0.183	−0.232
sef07	765	2	5	3.740	0.705	0.009	−0.377
sef08	764	2	5	3.648	0.773	0.052	−0.494
snm01	759	1	5	3.491	0.848	−0.441	0.114
snm02	762	1	5	3.302	0.887	−0.210	0.020
snm03	763	1	5	3.946	0.761	−0.448	0.100
snm04	764	1	5	3.694	0.758	−0.076	−0.284
snm05	764	1	5	3.734	0.806	−0.206	−0.049
snm06	759	1	5	3.642	1.187	−0.555	−0.405
pos02	763	1	5	3.252	0.935	−0.404	0.091
pos03	763	1	5	3.372	0.876	−0.352	0.177
pos04	764	1	5	3.217	0.938	−0.235	−0.115
pos05	763	1	5	3.215	0.908	−0.300	−0.029
pos07	763	1	5	3.301	0.883	−0.261	0.207
pos08	763	1	5	3.362	0.876	−0.349	0.152
pos09	762	1	5	3.562	0.841	−0.468	0.243
iib01	762	1	5	3.790	0.714	−0.623	1.285
iib02	765	1	5	3.762	0.681	−0.334	0.333

续表

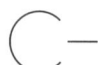

测量条款	样本数	最大值	最小值	均值	标准差	偏态	峰度
iib03	763	1	5	3.668	0.736	−0.258	0.082
iib04	761	1	5	3.689	0.743	−0.336	0.353
iib05	764	1	5	3.725	0.722	−0.389	0.325
iib06	764	1	5	3.679	0.726	−0.167	0.038
tip01	764	1	5	3.868	0.780	−0.398	0.052
tip02	765	1	5	3.480	0.920	−0.547	0.138
tip03	765	1	5	3.725	0.796	−0.544	0.549
tip04	764	1	5	3.457	0.894	−0.344	−0.076
tip05	765	2	5	3.905	0.679	−0.158	−0.170
tip06	765	1	5	3.251	0.861	0.037	−0.137
tip07	764	1	5	3.380	0.860	−0.244	−0.135
tip09	765	2	5	4.110	0.666	−0.154	−0.660
tci02	763	1	5	3.748	0.710	−0.722	1.379
tci03	762	1	5	3.785	0.692	−0.520	0.888
tci04	765	1	5	3.945	0.712	−0.421	0.357
tci05	764	1	5	3.692	0.779	−0.372	0.281
tci06	764	1	5	3.829	0.706	−0.371	0.446
tci07	763	1	5	3.680	0.749	−0.320	0.093
tci08	764	1	5	3.736	0.755	−0.346	0.222
tci12	763	2	5	3.773	0.687	−0.354	0.209
tci13	763	1	5	3.764	0.751	−0.367	0.280
tci14	763	1	5	3.807	0.741	−0.315	0.044

表A8 研究团队的组内一致性分析结果(N=242)

团队编号	TVION	TPS	TSUP	TSIP	TRIP
101	0.99	0.97	1.00	0.95	0.92
102	0.98	0.98	0.99	0.96	0.83
103	0.75	0.94	0.97	0.86	0.86
104	0.99	0.98	0.97	0.95	0.99
105	0.99	1.00	1.00	0.99	0.99
107	0.98	0.92	0.98	0.86	0.97
108	0.99	0.97	0.98	0.99	0.99
109	0.97	0.95	0.98	0.95	0.96
110	0.97	0.98	0.98	0.99	0.98
111	0.98	0.98	0.99	1.00	1.00
112	0.87	0.96	0.95	0.95	0.98
201	0.95	0.96	0.96	0.97	0.94
202	0.98	0.99	0.98	0.99	1.00
203	0.94	0.98	1.00	0.98	0.98
204	0.97	0.98	0.96	0.97	0.98
205	0.98	0.97	0.97	0.99	1.00
206	0.98	0.98	0.92	0.99	0.99
301	0.98	0.97	0.97	0.93	0.97
302	0.96	0.99	0.94	0.98	0.99
303	0.97	0.98	1.00	0.98	0.98
304	0.98	1.00	0.99	0.95	0.99
305	0.90	1.00	0.97	0.90	0.98
306	0.98	0.99	0.99	0.99	0.98
307	0.71	1.00	0.97	0.86	0.91
308	0.97	0.95	0.98	0.99	0.99
404	0.98	0.94	0.86	0.86	0.86
407	0.99	0.98	1.00	0.98	0.92
408	0.98	0.98	0.98	0.98	0.99
502	0.91	0.97	0.95	0.92	0.95
504	0.89	0.99	0.99	0.91	0.97
601	0.91	0.95	0.95	0.99	0.98
602	0.71	0.96	0.98	0.97	0.96
701	0.99	0.99	0.98	0.97	0.95
702	0.99	0.89	0.96	0.98	0.92
704	0.95	0.88	0.98	0.99	0.99

续表

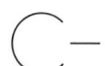

团队编号	TVION	TPS	TSUP	TSIP	TRIP
705	0.98	0.94	1.00	1.00	1.00
707	0.97	0.96	1.00	0.99	1.00
708	0.87	0.78	0.76	0.83	0.97
709	0.95	0.92	1.00	0.99	0.98
710	0.99	0.89	1.00	1.00	0.99
712	0.98	0.94	0.98	0.97	0.98
714	0.95	0.97	0.98	0.98	0.98
715	0.99	0.96	1.00	0.99	0.98
716	0.87	0.92	0.99	0.90	0.98
717	0.98	0.97	0.98	0.98	0.99
718	0.98	0.98	0.98	0.98	1.00
719	0.99	0.86	0.98	0.98	0.98
720	0.97	0.82	0.99	0.99	0.98
801	0.99	0.92	0.97	0.99	0.98
803	0.95	0.99	0.99	0.99	0.95
804	0.97	0.98	0.98	0.99	0.99
805	0.99	0.96	0.98	0.99	0.98
808	0.98	0.98	0.99	0.98	0.99
809	0.82	0.98	0.98	0.86	0.98
810	0.98	0.98	0.99	1.00	0.97
813	0.99	0.95	0.95	0.98	0.98
814	0.98	1.00	0.98	0.99	1.00
815	0.97	1.00	1.00	0.99	0.98
816	0.97	0.97	0.97	0.99	0.95
817	0.93	0.98	1.00	0.97	0.99
819	1.00	1.00	1.00	1.00	1.00
820	0.99	0.99	1.00	0.99	0.98
821	0.98	0.98	0.95	0.98	0.98
822	0.86	0.84	0.98	0.94	0.97
823	0.98	0.99	0.98	0.99	0.99
824	0.89	0.99	0.77	0.75	0.86
825	0.96	1.00	0.99	0.83	0.91
826	0.87	0.95	0.78	0.88	0.86
827	0.96	0.86	0.88	0.97	0.97
830	0.94	0.86	0.99	0.96	0.98
831	0.97	0.99	0.97	0.71	0.98
832	0.95	0.99	0.98	0.98	1.00

续表

团队编号	TVION	TPS	TSUP	TSIP	TRIP
833	0.94	0.96	1.00	0.88	0.92
834	0.98	1.00	0.98	0.99	0.98
835	0.98	0.98	0.98	1.00	1.00
836	0.98	0.94	1.00	1.00	1.00
837	0.99	0.95	0.98	0.98	0.98
838	0.99	0.92	0.99	0.99	0.98
839	0.93	0.95	0.96	0.97	0.94
840	0.99	1.00	0.98	0.98	0.98
842	0.98	0.96	1.00	0.99	0.99
843	0.89	1.00	0.98	0.94	1.00
844	0.98	0.99	0.98	0.99	0.98
845	1.00	0.97	1.00	0.99	1.00
846	0.97	0.98	1.00	1.00	1.00
848	0.99	0.96	1.00	0.99	1.00
850	0.99	1.00	0.97	0.99	1.00
851	0.98	0.98	0.98	1.00	1.00
852	1.00	1.00	0.99	0.99	1.00
853	0.99	0.99	0.92	0.97	0.99
854	0.98	1.00	0.98	0.97	0.95
855	0.97	0.78	0.91	0.99	0.92
856	0.99	0.99	0.77	0.99	0.94
901	0.89	0.98	0.88	0.98	0.99
903	0.99	0.99	1.00	0.99	0.98
904	0.99	0.99	0.98	0.95	0.97
905	0.98	0.99	1.00	0.99	1.00
906	0.76	0.97	1.00	0.96	0.96
908	0.91	0.97	0.94	0.98	0.98
909	0.96	0.95	1.00	1.00	0.99
910	0.99	1.00	0.98	0.98	0.98
911	0.99	0.98	0.98	0.97	1.00
912	0.95	0.92	0.98	0.97	0.89
913	0.96	0.98	1.00	0.99	0.99
914	0.98	0.96	0.97	0.91	0.99
916	0.97	0.97	0.98	0.98	0.98
917	0.91	0.98	0.98	0.97	0.89
918	0.92	0.98	0.91	0.93	0.92
919	0.95	0.99	0.99	0.96	1.00

续表

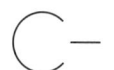

团队编号	TVION	TPS	TSUP	TSIP	TRIP
920	1.00	1.00	1.00	1.00	0.99
921	0.99	0.97	0.98	0.98	0.99
922	1.00	0.97	1.00	0.99	0.99
923	0.96	0.95	0.86	0.97	0.70
924	0.99	0.98	1.00	0.99	0.98
928	0.98	0.94	0.98	0.91	0.97
929	0.99	0.96	1.00	0.99	0.99
930	0.97	0.98	0.99	0.98	0.98
931	0.98	0.98	0.98	0.96	0.97
932	1.00	0.99	1.00	1.00	1.00
933	0.99	0.97	0.98	0.88	0.92
1001	0.78	0.98	0.96	0.91	0.71
1003	0.98	1.00	0.99	0.97	0.99
1004	0.95	0.98	0.98	0.80	0.96
1006	0.93	0.88	1.00	0.76	0.74
1007	0.98	0.98	0.99	0.99	0.98
1008	0.95	1.00	1.00	0.98	0.98
1009	0.98	0.99	1.00	0.99	0.98
1101	0.81	0.97	0.98	0.83	0.92
1102	0.99	1.00	0.99	0.95	0.99
1103	0.96	0.93	0.97	0.96	0.94
1104	0.98	0.94	0.93	0.89	0.91
1105	0.96	0.99	0.99	0.96	0.97
1108	0.91	0.96	0.96	0.97	0.98
1109	0.93	0.86	0.81	0.96	0.95
1110	0.90	0.92	0.89	0.90	0.96
1112	0.93	0.98	0.94	0.96	0.96
1114	0.98	0.95	0.71	0.91	0.97
1201	0.89	0.99	0.99	0.99	0.99
1202	0.99	0.99	0.99	0.99	0.99
1203	0.94	0.97	0.99	0.96	0.98
1204	0.87	0.98	0.94	0.97	0.98
1205	0.99	0.97	0.99	0.98	0.97
1206	0.98	1.00	0.93	0.94	0.97
1207	0.99	0.99	0.98	0.93	0.86
1209	0.98	0.96	0.92	0.97	0.97
1210	0.98	0.99	0.99	0.99	1.00

续表

团队编号	TVION	TPS	TSUP	TSIP	TRIP
1211	0.97	0.99	1.00	0.96	0.98
1212	0.99	0.98	0.98	0.99	0.98
1213	0.94	0.92	0.98	0.98	0.98
1214	0.90	0.97	0.98	0.93	0.98
1301	0.96	0.97	0.99	0.98	0.97
1302	0.98	0.98	0.94	0.99	0.99
1303	0.96	0.97	0.98	0.96	0.97
1304	0.98	1.00	0.98	0.97	0.98
1305	0.94	0.95	0.96	0.99	0.96
1306	0.98	0.99	0.97	0.96	0.97
1307	0.99	0.99	0.98	0.99	0.99
1308	0.99	0.99	0.95	0.96	0.98
1309	0.96	0.74	0.98	0.96	0.97
1312	0.99	0.98	0.97	0.97	0.98
1313	0.99	0.99	0.98	0.97	0.99
1314	0.98	0.99	0.96	0.97	0.98
1315	0.98	0.95	0.96	0.95	0.99
1316	0.97	0.95	0.98	0.99	0.97
1317	0.99	1.00	0.96	0.99	1.00
1318	0.99	1.00	0.96	0.99	1.00
1319	0.98	1.00	0.98	0.97	0.97
1320	0.98	0.98	0.97	0.97	0.99
1322	0.99	0.98	0.98	0.97	1.00
1323	0.98	0.98	0.99	0.98	0.99
1324	0.99	1.00	0.99	0.98	0.99
1325	0.99	1.00	0.99	0.99	0.99
1327	0.98	0.97	0.98	0.98	0.95
1328	0.98	0.98	0.98	0.99	0.98
1329	0.99	1.00	1.00	0.99	0.98
1330	0.98	0.94	0.94	0.98	0.94
1331	0.99	0.99	0.98	0.98	0.98
1332	0.98	0.99	0.99	0.99	0.97
1333	0.98	0.95	0.99	0.99	0.99
1334	0.98	0.99	0.99	0.99	0.99
1337	0.98	0.82	0.99	0.99	0.98
1338	0.98	1.00	0.99	0.99	0.98
1339	0.98	0.95	1.00	0.99	0.98

续表

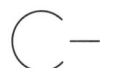

团队编号	TVION	TPS	TSUP	TSIP	TRIP
1340	0.97	0.98	0.97	0.99	0.97
1341	0.96	0.98	0.97	0.92	0.93
1342	1.00	0.99	1.00	1.00	1.00
1343	1.00	0.99	1.00	0.99	1.00
1344	0.98	0.98	1.00	1.00	1.00
1345	0.99	0.98	0.98	0.99	1.00
1346	0.98	0.99	1.00	1.00	1.00
1347	0.96	0.97	0.99	0.92	0.97
1348	1.00	1.00	1.00	1.00	1.00
1349	0.99	0.99	1.00	0.99	1.00
1350	0.99	0.98	0.99	0.99	0.99
1351	0.97	0.96	0.98	0.96	0.98
1352	0.98	0.97	0.97	0.98	0.94
1353	0.97	0.98	0.97	0.98	0.97
1354	0.91	0.98	0.89	0.92	0.96
1355	0.96	0.86	0.98	0.95	0.98
1356	0.89	0.98	0.97	0.96	0.99
1357	0.96	0.98	0.99	0.98	0.98
1358	0.97	0.99	0.92	0.88	0.71
1359	0.99	0.97	0.99	0.99	0.98
1360	0.97	0.96	0.97	0.96	0.95
1361	0.99	0.98	0.96	0.98	0.99
1362	0.99	0.71	0.98	0.98	0.98
1364	0.98	0.97	0.99	0.93	0.98
1403	0.87	0.95	0.98	0.95	0.92
1501	0.98	0.99	0.94	0.94	0.92
1502	0.95	1.00	0.94	0.92	0.92
1503	0.99	0.98	0.98	0.99	0.99
1506	0.98	0.98	0.99	0.97	0.88
1508	0.94	0.99	0.95	0.97	0.97
1509	0.98	1.00	1.00	0.99	1.00
1510	0.96	0.89	0.99	0.85	0.94
1511	0.98	0.95	0.98	0.98	0.99
1512	0.99	0.94	0.98	0.95	0.95
1603	0.98	0.96	0.98	0.98	0.96
1604	0.98	0.94	0.98	0.98	0.98
1605	0.93	0.98	0.99	0.98	0.98

续表

团队编号	TVION	TPS	TSUP	TSIP	TRIP
1606	0.98	0.97	0.99	0.99	0.97
1701	0.97	0.99	0.99	0.97	0.93
1702	0.96	0.97	0.94	0.95	0.97
1704	0.98	0.98	0.99	1.00	1.00
1705	0.99	0.99	0.98	0.93	0.98
1706	0.98	0.98	1.00	0.98	1.00
1708	0.95	0.95	0.99	0.98	0.98
1711	0.98	0.98	0.97	0.97	0.99
1712	0.97	0.97	0.99	0.98	0.97
1714	0.99	0.99	0.99	0.99	0.99
1715	0.99	0.99	1.00	0.99	1.00
1716	0.94	0.97	0.96	0.97	1.00
1717	0.93	0.98	0.93	0.99	0.94
1718	0.98	0.95	0.98	0.99	0.99
1719	0.94	0.98	1.00	0.99	0.92
1720	1.00	0.98	1.00	0.99	1.00
1721	0.98	0.79	1.00	1.00	1.00
1722	0.99	0.98	0.99	1.00	0.98
1723	0.98	0.98	1.00	0.99	0.98
1724	0.99	0.98	0.98	0.96	0.98
1725	0.93	0.99	0.96	0.99	0.95
1726	0.97	0.97	0.98	0.97	0.95

注：TVION，TPS，TSUP分别代表团队创新气氛的愿景、参与安全和创新支持维度。TSIP，TRIP分别代表团队互动过程的结构维度和人际维度。